KB130064

KAIST 100년의 꿈

과학기술의 미래를 상상하다

KAIST 100년의 꿈

카이스트 지음

지식공감

발간사

새로운 50년을 바라보면서

이광형 총장

지난 50년 동안 카이스트(KAIST)는 설립 목표를 무난히 달성했다고 생각합니다.

1971년에 태어난 카이스트는 대한민국은 물론이고, 세계 과학기술 교육에 새로운 길을 만드는 자취를 남겼습니다. 대한민국 젊은이들은 해외로 나가지 않고도 현대적인 연구개발에 눈이 떠져 자생력을 기를 수 있었습니다. 세계 과학기술의 흐름에 올라탄 젊은이들이 우리나라 기업에서, 대학에서, 세계 경제 무대에서 '국가산업 발전'이라는 목표에 돌진했던 그 열매를 지금 세계 사람들이 함께 누리고 있습니다.

이제 카이스트는 새로운 도전에 나서야 합니다. 대한민국을 벗어나 세계와 인류를 품에 안는 여정을 떠나야 합니다. 쉽지 않은 도전이지만, 지금까지 해 온 성과를 바탕으로 정성을 기울여 최선을 다해 나아가면 반드시 이룰 수 있는 목표입니다.

한 번도 가보지 않은 길인 만큼 넘어야 할 장애물도 쉬운 것이 하나도 없습니다. 과학기술이 모든 영역에 미치는 영향력이 커짐에 따라, 연구개발 역시 인간의 본성과 사회적 영향력에 대한 통찰력을 감안해야 합니다. 과학기술이 가져올 물질적인 풍요와 편의성에 걸맞게 정신적인 기쁨을 창출하는 방안도 모색해야 합니다.

과학기술이 혹시 인류를 디스토피아로 인도하지는 않을지, 빈부 격차를 벌어지게 하는 수단으로 이용되지 않을지 생각하며 연구해 나가야 합니다.

인류 역사의 흐름과 문명의 발전 방향을 주도하는 시대정신을 정확히 꿰뚫어야 많은 사람이 공감할 방향을 제시할 수 있습니다. 그 방향은 2차원적인 나침판과 같은 것이 아니라, 저 깊이와 너비를 측량하기 어려운 우주 공간에서 움직이면서 빛나는 별을 가리키는 것에 비유할 수 있습니다.

그러므로 앞으로 카이스트가 지향하는 과학기술은
사람을 위한 과학기술,
공의로운 과학기술,
아름다운 과학기술,
상생하는 과학기술,
그리고 진취적으로 미래를 여는 과학기술이 될 것입니다.

카이스트는 이러한 목적을 달성하기 위해 행복하고 즐거운 캠퍼스를 조성할 것입니다. 총장은 카이스트 구성원들이 원대한 목표를 향한 미지의 여행을 기쁘고 보람있게 매진할 수 있도록 생태계를 조성하고, 격려하고, 도와주고 함께 고난에 마주 설 것입니다.

카이스트의 물리적 공간을 확대하고, 법적 토대를 전향적으로 가다듬고, 실패를 더 큰 성공의 밑거름으로 활용하면서 '새로운 카이스트 문화'를 조성할 것입니다.

이 보고서는 카이스트의 새 출발을 기념하는 저희의 작은 노력의 결실입니다. 아무쪼록 대한민국이 기대하는 대로 카이스트가 대한민국을 넘어 세계역사와 인류의 행복증진에 기여하는 원대한 목적을 달성할 수 있도록 변함없는 지지와 편달을 부탁합니다.

감사합니다.

머리말

세계의 미래를 만들어가는 대학을 꿈꾸며

이도헌, 박성동, 이승섭
KAIST 100년 비전위원회 공동총괄위원장

2071년 KAIST는 100주년을 맞게 됩니다. 1971년 설립된 후 50년 동안 국가산업발전을 위한 기술개발과 인력양성에 성공적으로 매진해 온 KAIST는 앞으로 50년을 꿈꿉니다. 선진국의 원조에 의존하던 우리나라가 이제는 다른 나라를 돕는 세계 10위권의 국가로 발전했고 그 눈부신 성장의 무대에 KAIST가 있었습니다. 선진국에 인정받고 그 대열에 끼는 것이 목표였던 지난 50년을 발판삼아서 50년 후에는 세계의 미래를 만들어가는 KAIST를 꿈꿉니다.

세계의 미래를 주도적으로 만들어가기 위해서 대학평가 랭킹에서 1등이 되겠다는 목표를 세우는 것이 아닙니다. 세계는 과거보다 훨씬 더 다양한 모습으로 발전할 것이고 그 변화의 속도 역시 훨씬 빨라질 것입니다. 전 세계인이 이름을 아는 학교, 전 세계 학생이 입학하고 싶은 학교, 전 세계 기업가가 협력하고 싶은 학교를 만들기 위해서는 카이스트만의 독특한 색깔을 가지는 것이 필요합니다.

누구나 카이스트라는 이름을 들으면 떠오르는 학풍과 문화를 선명하게 만들어가야 할 것입니다. 세계의 미래를 카이스트 혼자서 만드는 몽상이 아니고, 세계인과 함께 만들어가는 존재감이 뚜렷한 카이스트를 꿈꿉니다.

BRAIN이라는 키워드로 새로운 교육의 모습을 그려봅니다. 경계가 허물어지고Boundless, 책임 있고Responsible, 목표지향적이며Aim-Driven, 몰입하고Immersive, 소통하는Networked 체계를 제시합니다. 미존未存과 Post-HAE라는 키워드로 연구의 새로운 모습을 그려봅니다. 존재하는 것들 사이의 틈새에서 미처 탐구하지 못했던 새로운 기회를 창출하는 소위 미존의 공간에 미래가 있다고 생각합니다. 그러한 미존의 철학으로 인간Human, 인공지능AI, 그리고 에너지Energy의 다음 지평을 예측하고 탐구해야 한다고 생각합니다.

놀이와 일이 서로 통하는 소위 유업상통遊業相通의 장이 되어야 이런 꿈을 실현할 수 있을 것입니다. 구성원들이 카이스트의 독특한 학풍과 문화 속에서 즐거움과 행복을 누릴 수 있는 곳이 되어야만 세계의 미래를 주도할 수 있는 독창적인 에너지가 분출될 수 있을 것입니다. 배우는 사람은 스스로 성장하는 기쁨을 누리고, 가르치는 사람은 인재를 키우는 보람을 누리며, 연구하는 사람은 인류의 지성과 문명을 자기 손으로 진일보시키는 성취를 맛보며, 그 가슴 벅찬 과정을 돕는 사람도 기쁨과 보람과 성취를 공유하는 행복한 곳이 되기를 꿈꿉니다.

이 책을 만들기 위해 근 1년을 숨 가쁘게 달려왔습니다. 1년의 작업으로 50년을 설계한다는 것은 어불성설일 것입니다. 하지만 꿈을 꾸고 꿈을 공유하는 데는 넘치지도 부족하지도 않은 기간이었던 것 같습니다. 헌신적으로 이 작업에 참여해주신 100분의 비전위원님들과 13분의 자문위원님들께 깊은 감사의 말씀을 전합니다.

감사하고 사랑합니다.

과학기술의
미래를 상상하다

Contents

발간사: 새로운 50년을 바라보면서 · 5

머리말: 세계의 미래를 만들어가는 대학을 꿈꾸며 · 8

1부 / 상상하기

1장 : 카이스트 50년 후를 상상하면서

절대 미래는 없다 · 21

글로벌 카이스트의 탄생 · 29

2장 : 2071년 KAISTian의 하루

Q 교수의 밥상 · 39

A 교수의 지하주택 · 46

I 교수의 연구실 · 55

S 교수의 서재 · 62

T 교수의 출생의 비밀 · 73

3장 : 생산의 혁명, 생물학이 이끌어

코로나 백신으로 더욱 가까워진 미래 · 83

1000년을 이어 온 꿈의 실현 · 94

상상이 현실과 만날 때 • 104
카이스트가 주도할 50년 뒤 50가지 상상 • 106

4장 : 학생들이 꿈꾸는 2071 KAIST

네오 카이스트, 고국의 품속에서 온 인류를 품으라 • 117
혁신과 융합의 시작, 인공지능 '넙죽이' • 147
인간을 위한 '윤리적인 기술'을 꿈꾸다 • 156
국제화, 세계화, 정신건강 • 164

2부 / 계획하기

5장 : 미래변화 예측

미래변화 핵심 동인 • 177
2071년 마주치게 될 주요 이슈 • 181
미래 사회와 KAIST • 194

6장 : BRAIN Campus

현실과 가상을 넘나드는 캠퍼스 • 208
윤리적인 미래를 지향하는 카이스트인 • 210
스스로 디자인하는 교육과정 • 211
초실감 교육기법을 통한 몰입형 교육 • 213

'KAIST Everywhere' 교육 네트워크 구현 • 215

7장 : 미존과 Post-HAE

빠른 추격자에서 초격차 리더로 • 222

미존(未存), 미래연구 핵심가치 • 224

포스트 해(POST-HAE), 미래연구 핵심테마 • 228

8장 : 미래를 준비하는 KAIST

미래를 위한 KAIST 교육 • 240

미래를 위한 KAIST 연구 • 247

미래를 위한 KAIST 국제화 • 254

미래를 위한 KAIST 산학 • 260

에필로그 • 274

100년 비전위원회 및 자문위원 명단 • 278

과학기술의
미래를 상상하다

1부
상상하기

KAIST
100년의 꿈

1장

카이스트 50년 후를 상상하면서

절대 미래는 없다

사람들은 보통 50년의 계획을 세우지는 않는다. 현대와 같이 불확실하게 급변하는 세상에서 1년 뒤에 무슨 일이 벌어질지 모르는 상황에서 10년도 아니고 20년도 아니고 50년 뒤를 생각하는 것은 쉬운 일이 아니다.

다가올 미래를 전망할 때는 현재의 연장선에서 생각하기 때문에 어느 정도 예상이 가능하다. 통상 단기예측은 1~5년 후를 말한다. 중기예측은 5~20년 후, 장기예측은 20년 이후이다.

그러나 미래학에서는 미래를 예측하지 않는다. 카이스트 문술미래전략대학원의 겸임교수이며 하와이대 교수인 짐 데이토Jim Dator 박사는 '미래의 법칙'을 주장한다. 좀 더 엄밀하게 말하면 '미래들의 법칙들Laws of the Futures'이다.

첫 번째 법칙은 이렇다. '절대 미래The future는 연구될 수 없다. 왜냐하면, 절대 미래는 존재하지 않기 때문이다"The future" cannot be "studied" because "the future" does not exist.'

그가 그냥 미래라고 하지 않고 '절대 미래'라고 표현한 것에 주목할 필요가 있다. 미래는 아직 오지 않았고, 인간을 포함해 환경, 우주, 역사적 배경 등에 의해서 어떻게 전개될지 아무도 모른다. 그러므로 단 하나의 선택인 '절대 미래'는 존재하지 않는다는 것이다.

데이토만 '절대 미래'를 거부하는 것이 아니다. 미래학이라는 영어 단어 중 가장 널리 쓰이는 표현이 '미래들에 대한 다양한 연구들'이라는 의미로 Futures Studies라고 한다.

'절대 미래'는 거의 대부분 '절대 실패'나 '절대 맹신' 혹은 '절대 불행'이나 '절대 붕괴'로 귀결될 위험성이 매우 높다. 데이토 교수는 '절대 미래'가 절대 붕괴한다는 대표적인 예로 공산주의의 붕괴를 들었다. 소련 관계자들이 소련식 공산주의가 절대적인 체제라고 주장했지만, 역사가 증명하는 대로 절대 체제는 존재하지 않았다.

절대 미래는 연구될 수 없으므로 예측될predicted 수도 없다. 다만 '여러 대안 미래들의 모습들'은 전망forecast이 가능하다. 데이토 교수는 '만약 이런 이론과 데이터가 정확하다면, 미래는 이렇게 될 수 있다'고 "전망할 수 있다"고 주장한다.

그러므로 미래학은 여러 다양한 분야의 현상을 종합적으로 보고 분석하는 학문이다. 여러 현상을 종합적으로 보려면 다양한 분석도구가 필요하다. 대체로 널리 알려진 미래를 분석하는 학문적 도구는 40가지가 넘는다.

미래를 분석하고 전망하는 여러 가지 도구 중 하나로 카이스트 문술미래전략대학원은 STEPPER를 발견했다. 사회Society, 기술Technology, 환경Environment, 인구Population, 정치Politics, 경제Economy, 자원Resource의 영문 첫 글자를 딴 것이다.

절대 미래가 없듯이 미래를 전망하는 단 한 가지의 절대 도구도 존재하지 않는다. 전망하는 미래의 방향이나 성격에 따라 사용하는 미래전망 도구가 달라진다. 이광형 박사는 '라면 끓이기 비유'를 통해서 이를 설명한다. 라면 하나를 요리해서 먹으려고 해도 최소한 서너 가지 도구가 필요하다. 냄비, 수저, 라면을 옮겨 담을 그릇 등등이다. 여기에 물, 불이 없으면 요리 자체가 불가능하다.

그러므로 미래를 전망하려면 여러 가지 다양한 시나리오를 만들어야 하며, 다양한 시나리오를 만드는 방법 역시 다양해야 한다. 이런 여러 가지 요인을 볼 때 카이스트가 50년의 긴 미래를 전망한다는 것은 매우 도전적이면서도 무모하게 느껴진다.

단기 중기 장기도 아닌 50년을, 그것도 소설가나 영화사도 아닌 아카데믹한 과학기술중심 대학에서 50년을 전망한다는 그 시도 자체가 엄청난 모순과 위험성을 갖는다.

데이토의 미래학 제1법칙을 내세우지 않더라도, 우리는 경험적으로 1, 2년은 말할 것도 없고 하루 이틀 뒤도 모르는 불확실한 시대에 사는데 50년이라는 세월을 내세우는 것 자체가 무모하기 짝이 없는 일이다.

상상이 필요한 이유

그럼에도 불구하고 어째서 카이스트는 50년 뒤를 전망하려고 시도하는 것일까?

미래학의 여러 전망 도구 중 가장 인문학적 특성이 높은 것으로는 '상상하기'가 있다. 카이스트는 미래를 전망하는 여러 요인 중 매우 강력한 힘을 발휘하는 것이 '상상'이라고 생각하기 시작했다. 현대적인 의미에서 우리나라의 과학기술은 지난 50년 동안 앞선 나라의 과학기술을 빠르게 따라가는 패스트 팔로워fast follower였지만, 이제는 더 이상 따라가기만 가지고는 안 된다는 공감대가 형성됐다. 국제적인 시대 흐름에 발을 맞춰가면서도, 중요한 몇 가지 분야에서는 앞장서서 달리는 퍼스트 무버first mover로 나서야 한다. 그러나 50년 동안 굳어진 패스트 팔로워의 습관은 쉽게 고쳐지지 않고 있다. 그 습관은 카이스트 내부의 연구실에서, 대학 본관에서, 크고 작은 연구실 행정실이나 학과 사무실에 남아 있다. 정부를 비롯한 지원기관에도 앞서 달려보자는 도전보다는 관행과 습관에 눈을 돌리기도 한다.

카이스트는 퍼스트 무버로 나서려면, 비교적 안전하게 단기 및 중기를 전망하는 기존 방식으로는 50년 동안 켜켜이 쌓인 틀을 벗어나기 어렵다고 생각했다. 그러므로 매우 도전적이고 논쟁이나 비판을 불러일으킬 소지가 큰 '상상력'이라는 또 다른 미래학의 도구를 사용하기로 했다.

이 책은 '50년을 상상하면서, 그 상상을 이루기 위해 10년 동안 할 일'을 담으려고 시도했다. 50년을 상상하는 데 있어서 어떤 내용은 바로 '50년 뒤'로 건너뛰기도 하지만, 어떤 것은 50년 뒤의 상상을 뒷받침할 중장기 전망이나 트렌드를 수록했다. 상상은 하되, 공상과학소설을 쓰지는 않는 새로운 형식의 미래전망이라고 생각한다. 그러므로 어떤 상상은 절대 이뤄지기 어려운 꿈같은 이야기로 들릴 수 있으며, 반대로 어떤 내용은 너무 당연한 이야기로 비판의 대상이 될 것이다.

데이토 교수의 미래학 제2법칙은 미래학의 등불이기도 하면서, 안전한 미래학 항해의 방패막이기도 하다.

"미래에 관한 쓸모 있는 생각은 모두 말도 안 되는 것처럼 보여야 한다Any useful idea about the futures should appear to be ridiculous."

지금은 아주 우스꽝스럽고, 이해할 수 없고, 도저히 이뤄질 수 없는 것처럼 보이는 그러한 생각이 미래에는 쓸모가 있을 것이다. 지금 우리가 누리는 거의 모든 문명의 이기는 과거에는 누구도 꿈꾸지 못했던 것이었음을 생각한다면, 이 말을 쉽게 공감할 수 있다. 그러나 미래에 쓸모있는 것을 지금 생각한다는 것은 결코 쉬운 일이 아니다. 말도 안 되는 '모든' 생각이 미래에 쓸모 있는 생각은 아니라는 점을 우리는 경험으로, 역사의 기록으로 너무 잘 안다.

그러므로 미래에 관한 생각이 망상이나, 착각 또는 저질스러운 욕망의 분출에서 나오는 환각이 아니라, 진정으로 '쓸모 있는' 생각이 되려면 무엇이 필요할까? 겉으로 보면 모든 달걀이 다 똑같아 보여도, 생명의 씨를 간직한 유정란이어야 병아리가 태어난다. 마찬가지로 사람의 그 많은 생각 중에서 진정으로 미래를 바꾸고 문명을 발전시키면서 인류의 행복을 가져오려면, 생명의 씨를 가진 그러한 생각을 품어야 한다.

과학기술원법을 개정하자는 상상

그렇다면 카이스트는 무엇을 상상할 것인가? 카이스트의 역사와 카이스트 기본법한국과학기술원법을 보면 상상력이 그다지 필요하지 않았다. 법률로 무엇을 해야 할 것인지 규정해놓았기 때문이다.

한국과학기술원법 제1조(목적)

이 법은 산업발전에 필요한 과학기술분야에 관하여 깊이 있는 이론과 실제적인 응용력을 갖춘 고급과학기술인재를 양성하고 국가 정책적으로 수행하는 중·장기 연구개발과 국가과학기술 저력 배양을 위한 기초·응용연구를 하며, 다른 연구기관이나 산업계 등에 대한 연구지원, 기술의 이전 및 사업화를 촉진하고 창업을 지원하기 위하여 한국과학기술원을 설립함을 목적으로 한다. 〈개정 2022. 1. 11.〉

카이스트의 정체성을 규정한 이 법에 따라 카이스트는 지난 50년 동안 '산업발전'에 필요한 연구를 하고 인재를 양성하면서 오늘날과 같은 열매를 거두었다.

그렇지만 미래를 뚫고 전진하려면, '산업'이라는 고정된 틀을 뛰어넘는 것이 기본이다. 과학기술의 존재 이유와 목적은 '과학적 진리탐구', '인간의 호기심 충족', '복지향상', '행복증진', '산업발전' 등 한두 가지로 제한할 수 없다. 카이스트가 설립될 당시 가장 시급한 목적은 '산업발전'임이 분명하지만, 이제는 더 이상 그 하나의 목표를 향해서 가는 것은 역효과를 낼 것이다. 카이스트가 길러낸 인재들은 '청출어람 청어람靑出於藍 靑於藍'이라는 고사성어와 같이, 대한민국의 산업을 너무 빨리 훌륭하게 발전시켜 놓았기 때문에, 산업기술 자체가 이미 카이스트보다 훨씬 크고 깊이 성장했다.

이런 상황에서 카이스트는 기본 목표를 계속 유지하되, 미래지향적인 다양한 목표를 스스로 정하고 그를 향해 나아가야 한다. 산업발전에 필요한 연구개발 및 인재양성의 비중은 유지하면서, 그 이상의 노력과 재원과 인력을 들여 미래지향적인 새 경지를 찾아 나서는 도전을 해야 한다.

이미 카이스트 구성원의 정신적인 지향점은 도전Challenge, 창의Creativity, 배려Caring로 바뀌었다. 카이스티안KAISTian은 C^3 정신을 마음속에 간직하고, 세계 문명을 깨우면서 인류에게 도움을 주어야 한다는 숭고한 가치를 키우고 있다.

카이스트의 위기와 기회

만약 카이스트가 과거 50년 동안 해 왔던 것 같이 대한민국의 산업발전만을 목표로 삼는다면, 더 이상 존재 이유를 발견하기 어려울 것이며 가치는 크게 절하될 것이 분명하다.

이러한 변화는 카이스트에게는 위기이면서도 매우 큰 기회이기도 하다. 만약 지금까지 잘 해왔던 것을 붙잡고 계속 안전하게 어느 수준만 유지하자는 달콤한 유혹에 손을 잡는 순간, 카이스트는 서서히 눈에 띄지 않는 몰락의 길을 갈 것이 분명하다. 그렇게 쉬운 길을 선택하는 카이스트는 50년 뒤에는 존재할 이유가 없어질 것이며 대한민국은 더 이상 지원을 해야 할 명분을 상실할 것이다.

그러므로 카이스트는 50년간 확실하게 입증한 존재 이유와 열매를 바탕으로 삼아, 다음 단계에 해야 할 일을 찾아야 한다. 그것은 C^3의 정신으로 과학기술의 역사와 세계 문명을 주도하는 새로운 십자가를 지는 일이 될 것이다.

지금 카이스티안이 겪고 있는 내적인 고민의 상당 부분은 바로 이러한 부조화에서 기인한다. 50년 전의 기본 틀에서 크게 벗어나지 않은 과학기술원법의 지향점은 카이스티안의 잠재력과 외부의 상황을 제대로 반영하지 못하고 있다.

카이스트 교수들 중 상당수는 후배 과학자들의 노벨상 수상을 낙관한다. 왜냐하면, 자신이 카이스트 교수로 임용될 당시의 스펙이나 과학적 성취에 비해서, 지금 막 임용되는 젊은 과학자들의 수준과 과학적 성과가 너무나 훌륭하기 때문이다.

세계적인 수준으로 올라설 잠재력을 가진 과학자들을 이제는 더 이상 '한국과학기술원법'으로 대표되는 틀에 가두지 말아야 한다. 변화를 반영하지 못한 틀은 과학기술 발전을 지원하는 보호막이 아니라, 과거로 회귀하게 하는 족쇄가 될 것이며 부분적으로 이러한 부작용의 자취가 곳곳에 남아 있다.

그러므로 카이스트 설립 100년을 상상하는 데 있어서 가장 먼저 고려해야 할 분야는 과학적 상상이라기보다, 법률적 상상이 더 시급할지 모른다.

글로벌 카이스트의 탄생

100주년 기념식을 상상하다

서기 2071년, 12월이다. 크리스마스를 며칠 앞둔 겨울, 뉴욕 거리로 시원한 바람이 불어왔다. 오른쪽으로는 유엔본부가, 왼쪽으로는 허드슨강으로 이어진 웨스트 42번가 고층 건물 펜트하우스에서 Q 박사는 베트남 커피 G7을 마신다. 타임스 스퀘어 전광판에서 튀어나온 3D 홀로그램 천사는 요술 지팡이를 들고 사방팔방으로 은은한 향기를 풀어낸다. 거리에서는 젊은이들이 춤을 추면서 며칠 안 남은 크리스마스를 맞을 준비로 들떠 있다.

Q 박사는 한국을 비롯해서 뉴욕, 실리콘밸리, 유럽, 아프리카, 중동 및 동남아시아로 뻗어나간 카이스트의 국제 본부인 '글로벌 카이스트' 이사회 의장이다. 카이스트 100주년 행사의 마지막을 장식하기 위해 각 지역에 세워진 카이스트 캠퍼스에서 졸업생 대표와 총장들이 뉴욕 카이스트로 모였다.

이날 주목받은 강연자는 에티오피아 출신 여성 과학자인 나오미 박사였다. 그녀는 인간이 건강을 유지하면서 200세까지 살 수 있다는 과학적 증거를 잇달아 발표해서 국제적인 관심을 끌고 있었다. 면역학과 대사질환의 전문가인 나오미 박사는 아프리카 출신 여성 과학자로서는 드물게 항상 노벨생리의학상 수상자로 거론된다.

"안녕하세요. 벌써 50년이 지났습니다. 저는 에티오피아에서 의과대학을 졸업했지만, 의사가 되기보다는 과학자가 되고 싶었어요. 한국에 카이스트라는 훌륭한 대학이 있다는 소식을 듣고, Go 박사님에게 이메일을 보냈죠. 특별한 배경이나 연결고리는 없었지만, Go 박사님은 아프리카 여학생에게 기회를 줬습니다. 저에게 충분한 연구비를 대 주시고 명절이 되면 선물을 사 주시곤 했습니다.

카이스트에는 인류를 위한 과학기술을 연구하자는 분위기가 싹트고 있었죠. 대한민국을 넘어온 인류의 번영과 행복과 공동의 발전을 위해 인간을 위한 과학에 도전하자는 숭고한 정신이 제 가슴을 뛰게 했습니다."

카이스트에서 박사학위를 받은 나오미는 미국 대학병원에서 박사 후 과정을 마친 뒤, 카이스트로 와서 몇 년을 더 연구하다가 '아프리카 카이스트'로 옮겨 아프리카의 여성 과학자를 양성하는 여성 과학자의 상징으로 우뚝 섰다.

연설을 잠깐 중단하고, 나오미 박사가 Go 박사를 소개했다. 100세가 넘었지만, 꼿꼿한 허리에 우렁찬 목소리, 활기찬 걸음으로 나타난 Go 박사는 60세 정도로 젊어 보였다.

"안녕하세요. 나오미 박사를 보니 제가 70여 년 전 국제 학술대회에 맨몸으로 참가할 때가 생각나는군요. 나오미 박사는 카이스트의 자랑이면서 아프리카의 희망입니다. 오늘 이 좋은 기념일에 굿 뉴스를 발표하고 싶습니다. 나오미 박사가 제 후배 과학자와 함께 개발한 면역증진제 롱이뮤LongImmu가 FDA와 WDAWorld Drug Administration의 시판허가를 받았다는 사실을 발표합니다. 이 제품의 특허료 수입의 50%는 카이스트 발전재단으로 들어가 저개발국 과학자 양성에 사용될 것입니다."

쏟아지는 박수를 뒤로 하면서 마지막으로 Q 박사가 등장했다.

"오늘 폐막 연설을 하기에 앞서 저는 뉴욕 카이스트를 설립하는데 매우 중요한 역할을 한 Y 박사를 소개합니다. "

뜨거운 박수 소리와 함께 Y 박사가 미소를 가득 머금고 3D 홀로그램을 타고 나타났다. 100주년 행사에 사용하기 위해 주최 측은 Y 박사의 각종 자료와 사진 및 구글 자료를 검색해서 Y 박사의 젊은 시절 모습과 말투, 강의하는 모습 등을 5분짜리로 창작했다. 흰색 머리칼을 휘날리며 팔을 크게 벌리고 걸어올 때 마치 우주 공간을 뚫고 온 것 같은 신비한 소리가 울려 퍼졌다.

"벌써 50년이 지났군요. 뉴욕 카이스트의 구상이 씨앗을 틔운 지도."

이렇게 말하는 것과 동시에 마치 눈앞에서 벌어진 현장을 보듯한 풍경이 펼쳐졌다.

"여러분이 지금 보고 있는 이 장면은 50년 전인 2021년, 한국에서 온 귀한 손님과 글로벌 카이스트에 대해 첫 번째 이야기를 나누는 모습입니다."

기로에 선 카이스트의 선택

홀로그램 스토리에서 소년같이 생긴 카이스트 총장과 Y 박사는 저녁 식사를 하고 있었다. 즐거움과 설렘과 희망이 가득한 분위기가 두 사람을 둘러싸고 있었다. 희미하게 보이던 장면이 점점 더 또렷해지면서 두 사람의 대화 소리가 커졌다.

한국에서 온 카이스트 총장은 글로벌 카이스트의 필요성을 설명했다. 카이스트는 1971년 설립한 이후 50년 동안 성공적으로 달려왔다. 2021년 초, 카이스트가 설립 50년을 맞았을 때 취임한 총장은 카이스트가 맞닥뜨린 중대한 고비를 누구보다 깊이 느끼고 있었다. 50년 전인 1971년에 설립됐을 때의 목적은 충분하고도 충분하게 달성됐다. 대한민국의 경제 규모는 세계 10위권으로 올라섰고, 세계적인 글로벌 기업들이 여럿 나왔다. 지도자와 훌륭한 기업가의 도전이 중요한 역할을 했지만, 그 바탕에는 연구개발을 담당할 능력을 가진 현대적인 의미의 과학기술자를 양성하는데 밑바탕이 되었던 카이스트의 역할은 아무리 강조해도 지나치지 않았다.

카이스트를 본 따 만든 홍콩 싱가포르 대학들의 거센 도전으로 신흥 강자 대학의 위상에 조금 손상을 입기는 했어도, 카이스트의 50년 된 명성은 굳건했다. 그러나 그 이상은 아니었다.

인류문명을 이끌어 갈 발자취를 남기려면 아직도 부족해 보였다. 50년 동안 하던 방식으로 계속 가면 카이스트는 세계를 이끌어갈 역량을 키울 수가 없다.

"카이스트는 세계로 나아가야 해요. 카이스트가 대전에 있지 않습니까. 한국 내에서 대학이 서울에 있느냐 지방에 있느냐 혹은 홍콩이나 싱가포르의 신흥 대학들과 비교하느라 바쁜데, 그렇게 해서는 정말 미래로 나아갈 수 없어요."

총장은 "판을 바꿔야 한다, 세계로 나아가야 한다"고 거듭 강조하고 있었다.

현재 그 자리를 떠나 새로운 시도를 해야 한다.

첫 번째는 시간적으로 떠나야 한다.

두 번째는 공간적으로 떠나야 한다.

미래의 시각에서 현재를 보기 위해 총장은 달력도 1년 뒤의 것을 사무실에 걸어 놓고, '50년 뒤를 상상하는 미래계획을 세우자'는 불가능한 미션을 제시했다. 공간적으로 떠나는 것은 해외에 카이스트 캠퍼스를 세우면 된다.

세 번째는 기존의 생각하는 방식에서 떠나야 한다. 과학기술을 문화예술과 연결하기 위해, 교내에 미술관을 짓고 학생들이 교내에서 버스킹 공연을 할 수 있도록 유도하고 세계적인 문화예술인을 교수로 초빙하기로 했다.

K팝이 세계적인 명성을 얻기 시작하던 때였다. BTS가 가장 인기 있는 그룹으로 떠올랐다. 가수였다가 제작자로 변신해서 K팝을 세계무대에 올려놓은 K팝 1세대에 해당하는 이수만을 석좌교수로 영입했다.

클래식 음악가로 소프라노 조수미를 생각했다. 조수미는 반지하방에서 살던 시절이 있을 만큼, 어려운 고비도 넘겼고, 엄청난 재능이 피어나기까지 첫사랑과의 가슴 아픈 이별도 겪었다. 유학비용이 없어서 고생한 흔적도 그녀의 노래에는 깊이 스며들어있다. 고난을 이기고 세계무대에 도전해서 정상에 선 대표적인 클래식 음악가를 섭외하기 위해 1년 가까이 수십 명에게 묻고 다녔다.

조수미 매니저를 만났을 때 총장은 이렇게 주문했다.

"카이스트가 필요한 것은 음악이라기보다, 조수미의 삶입니다. 한국이 세계적으로 인정받기 어려운 시절에 한국에서 태어나 세계 정상에 올라간 그 경험과 도전정신 그리고 용기 있는 삶의 발자취가 꿈과 희망을 주지 않겠습니까."

학생들의 잠재력과 재능에 대해 항상 안타깝게 생각하던 그였다. 자신이 교수로 인정받게 된 가장 큰 원인으로 그는 총명한 학생들의 덕분이라고 생각했다. 그런데 학생들의 잠재력은 카이스트라는 틀과 대한민국이라는 한계에 묶여있는 것이 아쉬웠다.

문화예술의 또 다른 영역은 뭉뚱그려 인문학으로 표현된다. 커리큘럼에 인문학 관련 내용을 대폭 포함하는 한편으로, 총장은 교수들을 직접 자극시키는 간단하면서도 효과적인 방안을 생각했다. 인문학은 인간과 인간의 사회적 활동 및 역사를 바탕으로 하는 과학이다. 그러므로 인문학의 가장 기본은 인간이 무엇인가를 알아야 한다. 인간에게 선한 면 못지않게 추악한 면이 존재한다. 갈등, 증오, 시기, 질투, 경쟁심, 원망과 불평 등 부정적인 부분에 대한 이해가 없으면, 인간의 선하고 창조적인 부분의 중요성도 이해할 수 없다.

그 모든 것을 단기간에 전파할 수는 없는 일이다. 대신 총장은 '인간 본성의 법칙' 100권을 직접 사서, 만나는 교수마다 한 권씩 건

넸다. 전산학과 한 후배 여교수는 벽돌만큼 두꺼운 책을 받아 들었지만, 쉽게 손에 잡히지 않았다. 그런데, 총장은 볼 때마다 그 책을 주고 또 주는 것이었다. 세 번째로 같은 책을 받게 되었을 때 비로소 후배 교수는 밤새워가며 읽었다.

탄생할 때부터 간직한 꿈

카이스트는 1971년 설립될 때부터 대한민국을 바꾸는 작지만 가장 효율적인 기능을 발휘하는 방아쇠와 같은 운명을 가지고 태어났다. 카이스트 총장은 대한민국을 바꿔야 한다는 즐거운 부담감을 갖는다. 국가를 바꾸는 가장 효율적인 방법은 교육을 바꾸는 일이다. 조금 시간이 걸리더라도 가장 확실하고 뚜렷하고 성공률이 높다.

카이스트가 설립될 당시만 해도, 대한민국 대학의 이공계 교육은 꿈과 도전을 가진 젊은 엘리트의 좌절감을 낳게 했다. 제대로 된 실험장비 하나 없었고, 교수들은 연구개발을 해 본 경험이 축적되지 않았기 때문에 엔지니어를 양성할 수 없었다. 한국의 일류대학을 졸업한 젊은 엘리트들이 이 난관을 헤쳐나갈 길은 해외로 유학 가서 외국에 자리를 잡는 것만이 유일한 해결책으로 보였다.

대한민국의 정치인과 과학 및 행정 엘리트들은 혜성 같이 날아온 '카이스트'라는 작은 장치를 교육제도에 슬그머니 설치했다. 기존의 교육시스템을 크게 건드리지 않았기 때문에 기득권의 반발을 일으키지 않고 대한민국의 이공계 교육을 바꿔나갔다.

2차 대전 이후 미국은 다양한 해외원조를 실시했지만, 시간이 지나면서 원조 방법을 바꿔야 했다. 과학교육 전문가들은 미국의 해외원조가 이공계 인재를 기르는 쪽으로 바뀌어야 한다는 주장을 줄기차게 제시했다.

1969년 취임한 리처드 닉슨 대통령은 '이공계 인재를 양성하는 해외원조'를 강조한 존 해너John Hannah 미시건 대학 총장을 개편한 해외원조 기관인 미국국제개발처USAID의 신임 처장으로 임명했다.

해너 박사는 미시건 대학 시절 제자인 정근모 박사가 논문에서 주장했던 대로, 이공계 두뇌 유출을 방지할 연구중심 대학을 세우기로 하고 첫 번째 한 사업이 바로 카이스트 설립 지원이었다. 이에 따라 미국 과학교육의 최고 전문가들이 모여 카이스트 설립 계획을 담은 '터만 보고서'가 나왔으며, 해너 처장은 이 보고서가 실행되도록 예산 및 행정적인 지원을 아끼지 않았다.

터만 보고서는 "카이스트는 미래에 세계적인 대학으로 성장할 것"이라고 예언했으며, 보고서 작성에 참가한 미국 과학자는 정근모 박사에게 "미래에는 우리를 도와 달라"고 요청했다.

예언적인 과학자들의 선견지명에 부응하듯, 대한민국 기업들은 미국에 수십조 원을 들여 반도체, 자동차, 배터리 공장 건설에 투자하는 방식으로 보답하고 있다.

이제는 세계의 과학기술 인재 육성에도 카이스트가 나설 때가 왔다.

2장

2071년 KAISTian의 하루

Q 교수의 밥상

2071년 10월 30일, 오늘은 금요일이다. 잠에서 깨어 아침에 눈을 떴을 때 Q 교수는 가장 먼저 주방 옆 작은 공간으로 달려간다. 아침 식사를 챙기기 위해서이다. 학생들과 온종일 씨름하느라 기분이 꿀꿀했던 그녀는 아욱국이 먹고 싶었다. 어제저녁 학교에서 돌아오자마자 그녀는 초속성 재배기술로 처리한 아욱 씨를 뿌렸다. 밤새 아욱이 손바닥만 하게 커버렸다. 5단으로 된 가정용 수직 재배 선반에서 Q 교수가 아욱을 사랑스러운 손길로 쓰담쓰담 따는 그 시간만큼 커리어 우먼의 기분을 회복하는 시간은 많지 않다.

수직 재배 선반엔 밤새 쌀도 생산됐다. 특수 용액에 공기주입 장치를 연결해서, 밤새 3인분의 쌀이 제조됐다. 인공광합성을 가능하게 하는 효소가 들어있는 용액이 공기 중 이산화탄소와 반응해서 쌀을 생산한 것이다. 이는 식물이 햇빛을 받아 광합성을 해서 녹말을 생산하는 것과 같은 원리이다. 녹말은 쌀, 밀, 옥수수, 감자 등에 들어있는 고분자로서 인류에게 없어서는 안 되는 식량인 탄수화물의 주성분이다. 인간은 주로 식물에서 일어나는 광합성 작용을 통해서 탄수화물을 얻었다. 광합성은 식물이 빛 에너지를 이용하여 이산화탄소CO_2와 물H_2O로부터 탄수화물과 산소를 생산하는 과정이다. 식물은 이 광합성 작용을 이용해서 무기물로부터 유기물을 합성한다. 벼는 광합성 작용을 통해서 쌀을 생산하는 것이다. 에너지 흐름으로 보면 광합성은 지구 생태계를 지탱하는 근본 에너지를 공급하는 역할을 한다.

과학자들은 이 광합성을 인공적으로 재현하는 꿈을 꾼다. 이런 가운데 50년 전인 2021년 합성생물학을 이용해서 실험실에서 인공광합성 반응을 성공시켜 녹말을 얻은 연구 결과가 〈사이언스Science〉 저널에 발표된 적이 있다. 유사한 과제를 하고 있던 카이스트 과학자들은 그 뒤 경제성을 확보하는 후속 연구를 벌여 마침내 가정에서도 사용할 수 있는 소형 쌀 재배기를 만들어냈다.

식량 생산에 들어가는 땅과 물 생산량은 크게 줄어들었다. 가정용 쌀 재배기가 나오자, 쌀 재배 농가의 반발이 거세게 일어났다. 그러나 지구온난화로 지구 전체가 파멸적인 재앙에 직면하게 되자 마침내 농부들도 인공광합성을 빠른 속도로 발전시켜 가정에서 식량을 제조하는 방안에 동의했다. 덕분에 경작지와 담수 자원의 90% 이상이 절약됐다.

수직 재배 선반엔 마블링 무늬가 먹음직스러운 배양육 고기 300g이 놓여 있다. Q 교수는 재빨리 된장을 풀어 아욱국을 끓이고, 소고기 맛을 내는 배양육을 미디엄으로 구워 밥상을 차려놓았다. 그 뒤 그녀는 재빨리 주방 옆의 위성 강의실로 옮긴 다음 방음문을 닫았다. 초등학교에 다니는 두 자녀를 둔 워킹맘에게 카이스트 대학

본부는 위성 통신이 가능한 원격 강의 공간을 마련해줬다. 메타버스 기능을 가진 인터넷 회선은 물론이고, 전 세계 10여 곳에 설치된 카이스트 분원과 항상 연결되는 곳이다. 그녀는 된장이 가진 탁월한 건강증진 효과와 특히 바이러스 예방기능에 매료된 아프리카 콩고, 이집트, 케냐에 설치된 카이스트 분원의 여성 과학자들을 불렀다. Q가 된장을 푼 물에 부드러운 채소를 넣고 국을 끓이는 요리법을 설명하는 내용은 각각 프랑스어, 영어와 아랍어로 통역되어 전달된다.

주방 옆 위성 강의실

절반 이상의 교육은 이 집 안의 위성 강의실에서 이뤄지지만, 실험이나 회의가 있으면 Q 교수는 되도록 대면 활동을 선택한다. 두 아들과 한 남편을 떠나 과학자 Q의 시간이 필요하다. 진동을 90% 이상 해결한 자율주행 개인용 모빌리티에 올라타면, 핸들을 잡지 않아도 카이스트 N1 빌딩 1층의 커피숍으로 데려다줄 것이다. Q는 편안하게 모빌리티에 앉아서 회의 자료와 밤새 박사 과정 학생들이 보내온 실험자료를 검토했다.

그런데 오늘은 조금 이상했다. Q가 머리에 쓴 마이티캡MightyCap에서 신호가 왔다.

"마님, 오늘 바이오 리듬의 안정도가 기준치에 가깝게 내려왔습니다."

아마 위성 강의를 준비하느라 자신도 모르게 긴장했나 보다. 두

아들이 수직재배실에 들어와서 배양육 샘플 하나를 털어먹은 것에 화를 낸 것도 영향을 미쳤을 것이다. 심장박동과 혈압 및 뇌파와 날숨 속에 포함된 유해물질의 분포도를 측정한 마이티캡은 Q가 최상의 컨디션을 유지하기 어렵다는 경고를 보냈다. 감정 최적화emo-optimization가 필요하다. 남자 교수들은 이 단어 대신 영점 사격이라고 한다.

Q는 목표지점을 N1 빌딩에서 마이티셀프MightySelf로 바꿨다. 정신 및 감정적인 상태를 최상으로 끌어올리기 위해 20년 전에 지은 마이티셀프는 사람의 마음을 정화하는 첨단 시설이다. 사방에 꽃과 나무와 특수 작물을 심어놓았다. 아마존 열대우림과 미국 서부 사막에서나 볼 수 있는 거인 선인장인 사구아로saguaro도 심어놓았다. 키가 10미터로 높다. 뿐만 아니라, 마음을 진정시키는 초적외선이 많이 나오는 소행성 암석으로 장식한 곳이다. 카이스트 인공위성연구센터는 수명이 다한 인공위성을 회수하는 연구를 하다가, 지구를 스쳐 지나가는 소행성인 어스 크로서earth-crosser를 포획하는 기술을 획득했다. 이 어스 크로서는 지구에서 가장 높은 원적외선을 내는 시베리아 동토에서 채굴한 암석보다 인체를 진정시키는 효과가 1000배 높은 적외선을 낸다.

마음을 최적화하기

마이티셀프를 장식한 식물과 광물을 화폐가치로 환산하면 너무나 높아서 카이스트 국방기술 연구소와 보안시스템 연구실은 시설

보호장치를 마련했다. 겉으로 보기에는 아무런 장치가 없어 보이지만, 통신 암호화 기술 및 비접촉 포박 기술로 무장했다. 카이스트 임직원이 아닌 사람이 접근하면 온몸을 밧줄로 묶은 것 같은 압박감이 생기면서 신체를 움직이는 자율신경이 일시적으로 5% 정도 줄어든다. 그래도 계속 가까이 접근하면 압박감과 자율신경 마비 정도가 높아지기 때문에 매우 훌륭한 보안 시설의 역할을 하고 있다. 이 마이티셀프를 지키는 기술은 자연스럽게 비접촉, 무인 보안 기술로 발전해서 주요 국가 기관에 채택됐다.

마이티셀프 시설은 매년 업그레이드된다. 그때마다 초속성으로 재배한 사구아로 선인장과 소행성 암석을 갖고 싶어 하는 사람들을 대상으로 Science Auction이 열린다. 인류를 위한 공공 과학기술 연구에 기여하고 싶은 사람들이 몰리면서 이 연례행사는 가장 특이하고 축제 분위기가 넘치는 경매행사로 자리 잡았다.

Q 교수가 탄 모빌리티가 마이티셀프 게이트로 다가갔다. 아무것도 안 보이던 곳에서 허공에 갑자기 작은 이름이 하나 떠오른다. UnForget5. 사구아로 선인장을 구입하면서 인류를 위한 특수한 과제를 연구해 달라고 부탁한 경매 기부자 중 가장 특별한 한 사람의 이름이다. 다만 줄여서 UF5로 불리는 이 사람은 50년 전 미친 듯한 비트코인 광풍이 불어닥칠 때 본인이 상상하기 어려운 많은 돈을 모은 사람으로 추정될 뿐이다. UF5는 '안드로메다은하로 가는 우주선을 개발해달라'는 딘 한 가지의 조건만 내걸고 블록체인 기술을 이용해서 거금을 기증했다. 그가 경매에서 구입한 사구아로 선인장은 지금 아프리카 칼라하리 사막으로 옮겨졌다. 화성에 식물을 키

울 때 적합한지 적용연구를 하기 위해서이다.

Q 교수의 바이오 인덱스는 빠르게 안정되면서 최적화에 도달했다. 마이티셀프는 그녀가 일상에서 사이언스 월드로 진입하는 가장 좋은 포탈인 셈이다.

그녀가 주말을 보내는 방법

며칠 뒤 Q 교수는 국제 학회에 참석하기 위해 이튿날 출국할 예정이었다. 갑자기 텔레비전 뉴스에서 긴급 뉴스가 떴다. 코로나19 바이러스와 유사한 감염병이 또다시 나타났다는 소식이었다. 감염 속도나 사망률이 코로나19와 비슷했다. 자칫 팬데믹으로 발전할 가능성도 높았다. 그러나 어느 국가도 해외이동을 제한한다는 소식은 나타나지 않았다. 다만 50개 국가로 회원이 늘어난 OECD 부설 감염병 연구원에서 24시간 분석작업이 진행되고 있다는 뉴스가 이어졌다. OECD 감염병 연구원은 전 세계 주요 지점에 무인 실험실을 설치하고, 시차를 두고 24시간 감염병에 대비하는 인공지능 기반의 전자동화 연구를 진행한다. 덕분에 20시간 만에 국제연구팀은 신종 감염병 바이러스의 구조를 파악하고 mRNA를 이용한 백신 제조 정보를 확인했다. Q 교수의 스마트폰으로 신종 감염병 백신의 유전정보가 들어온다. 백신은 A, U, G, C 유전자가 271개 연결된 것이었다. 그 데이터를 가정용 백신 제조기에 입력했더니, 마치 잉크젯 프린터가 종이를 인쇄하는 듯한 소리가 나면서 패치형 백신이 자가제조된다. Q 교수는 패치형 백신을 왼쪽 팔뚝에 붙였다. 패치에 박힌 작은 바늘에 묻은 백신 약이 서서히 피부로 침투해서 효과를 낸다.

과학자들은 백신 발달사에서 2020년을 가장 획기적인 전기를 마련한 해로 꼽았다. 그 해 코로나19 바이러스의 공포가 전 세계를 뒤흔들었다. 팬데믹이 닥친 것이다. 초창기만 해도 얼마나 많은 사망자가 발생할 것인지 어느 누구도 쉽게 전망하지 못했다. 빨리 백신을 만들어야 한다는 아우성이 빗발쳤다.

mRNA를 이용한 백신 개발은 그때까지만 해도 약 8년이 걸렸다. 백신을 제조한 다음에 안전성을 확인하기 위해 까다로운 임상시험을 벌여야 한다. 그러나 코로나19의 공포가 밀려들자, 각국 규제기관은 mRNA를 이용해서 만든 코로나19 백신의 안전성을 확인하는 데 마냥 시간을 쓸 수 없었다. 결국 FDA를 비롯한 각국 질병청은 코로나19 바이러스의 사용승인을 내줬다. 일부 과학자들은 제대로 된 임상 절차가 생략된 백신이 오히려 큰 위험을 불러올 것으로 경고했지만, 워낙 상황이 시급하다 보니 신중론은 묻혔다. 결과적으로 보통의 경우라면 8년 걸릴 백신 제조가 불과 1년도 안 돼 승인이 난 셈이다. 이같이 시간을 단축했음에도 불구하고 코로나19 백신은 매우 훌륭한 효과를 냈다.

2020년에 비싼 경험을 축적한 세계의 과학자들은 백신 제조 시간을 크게 단축한 끝에, 50년 뒤에는 '자가 백신 제조기'마저 발명해서 각 가정에 저렴한 가격으로 보급하기에 이르렀다.

A 교수의 지하주택

2071년 12월 27일, 일요일이다. A 박사는 주말부부이다. 주중에는 대전에서 오피스텔에 살고, 주말에는 서울에 있는 가족의 품으로 돌아온다. 그런데 서울에 있는 A 박사의 집 주소는 '서울 강남구 선릉로100길 1, U55-204호'이다. 선릉로100길 1은 성종의 왕릉인 선릉과 중종 왕릉인 정릉이 들어선 '선정릉'이 자리 잡은 곳이다. 강남 주민들의 허파 역할을 하면서 아름다운 나무와 왕들의 봉분, 그리고 산책길이 있다. A 박사의 집은 이 선정릉 공원의 지하 100m에 있다.

지하주택에서 지상으로 올라오는 방법은 3가지가 있다. 지하차도를 거쳐 2호선 선릉역이나 수인분당선과 9호선이 만나는 선정릉역으로 간다. 또 다른 방법은 엘리베이터의 기능을 크게 향상시킨 무진동 비접촉 고속 엘리베이터를 타고 선정릉으로 올라간다.

50년 전인 2021년, 서울 집값이 천정부지로 치솟았다. 풍선 효과가 이어지면서 전국의 거의 모든 주택값이 덩달아 뛰어올랐다. 집 없는 사람들의 박탈감과 빈부격차가 점점 심해지면서 사회불안이 높아졌다. 특히 젊은이들 사이에는 정상적인 월 소득만 가지고는 도저히 집을 살 수 없는 지경에 이르자, 집을 구입하는 것은 포기할 수밖에 없었다.

서울 주택가격을 잡기 위한 여러 가지 노력이 잇따라 실패로 돌아가자, 사람들의 여론이 차가워졌다. 수억 원씩 대출을 받았지만, 상환이 어려워진 주민들의 불만이 높아지고, 극단적인 선택을 하는 사람들이 늘어났다.

정치권을 비롯해서 정부는 A 교수의 스승이 내놓은 제안을 수용해서 지하주택을 건설하기 시작했다. 지하 공간은 소유권이 없다. 나라마다 법이 다르지만, 우리나라의 경우 공공의 목적으로 대심도 지하 30m 이하 지하 공간을 활용하는 경우 사유지라 할지라도 해당 토지의 매매나 수용 절차가 필요하지 않다. 물론 아파트같이 공동주택의 지하에 지하철이나 지하 시설을 설치할 경우 주민들이 민원을 제기하지만, 도로 밑과 같이 그렇지 않은 공간은 매우 넓다. 유럽 대다수의 국가는 지하 30m 이하에 대해서는 국가가 공공목적에 따라 사용할 수 있고 민원을 제기하지도 않는다고 한다.

A 교수의 스승은 항상 현실을 몇 단계는 초월하는 아이디어를 발표하곤 했다. 그래서 사람들을 그를 상식을 뛰어넘는 초超교수라고 불렀다. 초교수가 재직하던 시절 인류의 관심사는 온통 화성에 몰려 있었다. 일론 머스크는 인류가 멸망하는 것에 대비해서 화성으로 이주해서 살아야 한다고 설레발을 떨었다. 긴가민가하면서도 사람들은 머스크가 테슬라 전기자동차를 성공시키고, 스페이스 X를 세워 로켓 발사비용을 획기적으로 낮추자, 화성 이주도 언젠가는 달성할 것이라는 꿈을 꾸기 시작했다.

초(超)교수의 초발상

그렇지만 초교수의 생각은 머스크의 설레발에 쉽게 움직이지 않았다. 우주에 대한 관심이 높아지면서 많은 사람은 인간이 화성에 가서 살 날이 빨리 온 것 같이 상상할 때도 초교수는 "지구만 한 곳이 없다"고 설득했다. 아무리 화성까지 쉽게 갈 수 있다고 해도 "과연 우리 지구인이 화성이나 달나라에 가서 살 필요가 있을까"라고 초교수가 초를 쳤다. "그 먼 곳까지 가서 살려는 그 노력으로 지구를 더 가꾸고 깨끗하게 정리해서 이용하면 되지 않을까?"라고.

인류는 도시에서 살 수밖에 없으므로, 도시에서 사용 가능한 공간 활용 방법을 찾아야 한다는 원칙을 따라, 초교수는 지하도시를 제안했다. 과밀화된 도시의 부족한 공간 및 환경 문제를 해결하기 위해, 쾌적한 환경에서 인간이 정주할 수 있는 지상보다 더 살기 좋은 지하도시ERUSVill이다. 여기서 Eeco는 인공태양빛, 식생 및 스마트 에코시스템습기, 먼지, 전파, 소음, 바이러스 제어을 활용한 자연친화적 생태 공간 구현이고, Rresilient은 재해기상이변, 황사가 없고, 재난지진, 화재, 침수, 폭발, 테러 대응형 회복력이 있는 안전한 공간이며, Uunderground는 지하구조에 적합한 기반시설, 가변형 구조체, 대공간 굴착기술 구현을 통한 신공간 창출이고, Ssustainable는 생활 안정성 확보를 위한 탄소중립, 공기/물 순환, 에너지 공급 등의 지속가능성 추구이며, 마지막으로 Villvillage은 주거지역, 상업지역, 공공시설 등이 공존하는 최소의 단위 마을 구현이다. 지하 공간의 장점이 무수하게 많지만, 가장 대표적인 것이 땅속은 에너지 측면에서 온도가 항상 일정하고대체로 계절에 상관없이 지하 공간의 온도는 15~20℃를 유지, 핵폭탄이 터져도 생존할 수 있는 공간이라는 것이다.

지하도시의 건설은 지하 굴착기술의 발전과 같이 간다. 거대한 터널굴착기TBM, Tunnel Boring Machine는 마치 두더지가 땅을 파고 들어가면서 길을 내듯이, 안전하고 신속하게 땅속을 파고 들어가면서 길을 낸다. 50년 전 제작 가능한 터널굴착기의 직경은 25m로서 6층 건물 높이에 해당한다. 지하에 터널을 길게 뚫어 5층 높이의 아파트를 건설할 수 있다. 단순한 계산으로 하면, 1km의 터널을 뚫으면 1,000세대가 거주하는 아파트 단지가 하나 탄생한다. 3km 길이의 한 유니트에 거주지역, 상업지역, 사무지역 등을 배치해서 하나의 작은 마을을 구성하는 방안이 제안됐다. 유지보수, 에너지 공급시설, 하수처리장, 공기순환장치 등의 도시기반시설과 공원, 오락시설, 교통시설 등 각종 생활공간을 배치하기 위해서 수십m 떨어진 곳에 동일한 터널을 나란히 뚫고, 중간중간에 연결통로를 배치한다. 이렇게 하면 그 자체로 자급자족이 가능한 작은 마을이 태어난다. 그 당시 서울특별시의 도로 연장이 8,300km이고 4차선 이상인 주요 도로만 고려해도 1,400km이어서 사유지가 없는 도로만 따라서 지하도시를 만들어도 수백만 세대의 건설이 가능하다.

사람들은 잠시 초교수의 제안에 귀가 솔깃하다가도 이내 반대의견을 쏟아놓았다. 일반적으로 지하 공간을 생각할 때 가장 많이 우려하는 부분은 햇빛과 공기이다. 지상에서와 같이 활기 넘치는 햇빛을 지하에서 누릴 수 있을지, 혹은 신선한 공기를 지하에서도 마음껏 호흡할 수 있는지 우려하게 된다.

초교수는 “현재 기술로도 지상에 있는 햇빛을 지하에 유입할 수 있으며, 인공태양 기술도 거의 완성단계에 이르렀다”고 설명했다. 공기의 경우도 “요즘 쇼핑몰을 가보면, 과거와는 달리 아주 쾌적함이 느껴지지 않느냐”면서 역시 극복 가능한 문제라고 말한다.

그렇지만, 지상같이 쾌적한 햇빛을 지하도시에 공급하는 방안과 지상같이 신선한 공기를 지하도시에서 돌게 하는 방안에 대해서 국민들은 확신을 갖지 못했다. 이 문제를 돌파하기 위해 또 다른 초월적인 아이디어가 나왔다.

첫 번째는 태양열 압축기술solar compression이다.

지하공간이 지상처럼 쾌적함을 누리려면 태양열과 태양빛이 지상 시간과 싱크로를 이뤄야 한다. 태양빛과 태양열을 압축해서 지하로 보낸 다음, 지하에서 이를 다시 원래 상태로 돌이켜 주는 기술이 제안됐다. 정보를 압축해서 인코딩해 통신선으로 보낸 뒤 받은 곳에서 압축 신호를 풀어 디코딩하는 것과 비슷한 원리이다. 정권의 운명을 걸고 2027년에 들어선 새 정부는 초교수를 중심으로 카이스트를 비롯해서 에너지기술연구원, 전자통신연구원, 표준과학연구원 등의 학제연구를 시작됐다. 국제적인 공동연구로 확대되면서 태양열 압축기술 개발은 예상보다 빨리 성공했다. 태양열 압축기술의 등장으로 지하 공간에서도 해가 뜨고 지는 자연환경을 조성함에 따라 지하에서 재배도 하고 경작도 하고 주거용 주택도 지어 생활할 수 있다.

초교수가 제안한 두 번째 도전적인 과제는 공기압축기술fresh air

compression technology이다.

지하 공간에 신선한 공기를 보내주기 위해서 야산이나 녹지 또는 공원에서 신선한 공기를 압축해서 지하 공간으로 보내주는 것이다. 녹지 공기를 보내주다 보니 서울 도심의 공기보다 더욱 신선하고 친환경적이다. 신선한 물도 공급하는데 어째서 공기는 신선하게 공급할 수 없다는 말인가?

유체공학의 발달로 지상 공기를 1000대 1 비율로 압축해서 하수도관 크기의 튜브로 많은 공기를 빨리 보내는 압축전송 기술이 드디어 개발됐다. 다만 전기세 수도세처럼 공기세를 부담해야 한다.

초교수의 의견은 처음에는 당연히 국내외에서 거센 반발에 부딪혔다. 과학자가 거짓말을 한다거나, 무책임하다거나, 미쳤다는 의견이 대세였다. 가장 온건한 반대는 "웃기다"이다. 초교수는 이 같은 반응을 듣고는 껄껄 웃었다. A 교수는 초교수가 30년 전에 했던 말을 아직도 기억한다.

"미래학의 제2법칙이 뭔지 알아?"

카이스트 미래전략대학원에서 미래학에 대한 초석을 놓은 짐 데이토Jim Dator 박사는 미래학의 3법칙을 기본으로 삼았다. 그중 제2법칙은 '미래에 가치 있는 것은 지금은 우스꽝스러워야 한다'이다. 여기에서 미래는 대략 20년 이상을 말한다.

이를 근거로 초교수는 "내 아이디어가 우습다고 하면, 정말 미래에 가치 있는 일이라는 것 아니겠어?"라고 말했다.

초교수는 개척자의 역할을 했다. 지하도시의 기본 개념을 제시하고, 부족한 부분의 기술을 개발하도록 유도했지만, 초교수 자신은 지하도시의 완성을 보지는 못했다.

스승의 열정과 이상을 누구보다 가까운 곳에서 지켜보던 A 교수는 2040년 첫 번째 지하도시 분양 공고가 나왔을 때 전 국민 중 가장 먼저 청약했다. 세종시로 옮겨온 청와대에서도 한마디 거들면서 LH 공사는 여론의 힘을 받아 기꺼이 A 교수를 첫 번째 청약자로 받아줬다. 그러나 첫 번째 청약자라고 해서 그 높은 경쟁률까지 무시하고 A 교수에게 지하주택을 배정할 수는 없는 일이었다. 역사적인 왕릉의 지하에 세우는 첫 번째 지하주택에 대한 국제적인 관심이 높아지면서, 전 세계에서 청약이 몰려 경쟁률이 5000대 1로 치솟았다.

A 교수는 추첨에서 떨어졌다. 다행히 추첨에 당첨된 어떤 시민이 “이 지하주택을 초교수에게 바친다”면서 A 교수에게 무상으로 양보했다. 초교수와 A 교수의 인연이 다시 한번 소개되면서 2대에 걸친 과학자들의 집념과 도전 및 창의적인 아이디어의 중요성이 자연스럽게 드러났다.

A 교수는 스승의 업적을 이어받아 마라톤 같은 릴레이 연구에 매달리고 있다. 그가 해결해야 할 중요한 과제는 지하도시의 에너지 공급방안이다. 지하도시의 첫 번째 에너지 공급장치는 소형 원자력 발전이다. 10여 평 규모의 공간에 초소형 원자력 발전시설을 배치해서 50년 전 대형 원자로의 1/20의 전력을 생산할 수 있다. 이 소형 원자로는 선정릉 지하도시에 거주하는 1만 명에게 충분한 에너지를 공급하고 있다.

그러나 새것을 좋아하는 시민들은 이제 교체주기를 30년 앞두고 다음 에너지를 무엇으로 할 것인지 논의하는 중이다. 원자력 발전을 이어갈 다음 시대에 발전시설인 핵융합발전소를 소형으로 만들어 배치하자는 의견이 우세했다. 한편으로는 태양열을 고집적으로 모아 지하로 보내서 그 열을 분해해서 사용하자는 의견도 만만치 않았다.

지하 토지를 소유하지 않기

이보다 더 시민들의 호응을 받는 것은 지하주택은 원천적으로 모든 토지를 공공소유로 했다는 점이다. 헌법에 의해 지하 공간의 개인소유는 금지됐다. 대한민국의 모든 대지의 지하 공간에 대해서는 도심지이건 산골이건 토지사용료를 하나의 체계로 묶어놓았다. 결국 사람이 전혀 살지 않는 산골짝 대지의 지하 토지 사용료가 기본이 되는 셈이다. 사실상 무료나 마찬가지이다.

지하주택 소유자는 그러므로 토지 소유권은 없고 다만 건물에 대한 70년 임대 권한만 갖게 했다. 임대료는 물가상승률을 기준으로 삼아 5년에 한 번씩 조정토록 했다. 지역별로 발생하는 임대료 이상의 장소 프리미엄은 세금으로 걷혀서 또 다른 지하주택을 건설하는 비용으로 사용되고 있다.

지하주택의 장점이 부각되면서 파급효과는 점점 더 확산되었다. 지상 주택에 비해서 쾌적도나 편리성, 냉난방비용의 감소 및 안전도가 높은 것이 드러나면서, 노후 주택은 아예 헐어버리고 그 지하에 주택을 짓는 것을 선호하는 주민들도 나타났다.

땅을 많이 가진 사람들이 사회에 기여하는 새로운 방법으로 자리 잡기 시작했다.

선정릉 지하주택의 성공은 남산의 허리를 관통하는 대규모 국제 지하도시 건설 계획 수립으로 이어졌다. 날씨가 추운 시베리아나 알래스카 같은 극한 지역에도 지하도시 건설 계획이 불일 듯 세워졌다.

I 교수의 연구실

2071년 11월, I 박사는 사방에서 걸려오는 패치폰patch phone과 과학자들의 홀로그램 아바타 방문으로 며칠 동안 붕 뜬 기분이었다.

루스 박사가 가장 먼저 홀로그램 아바타 방문을 신청했다. 너무 반가운 콜이다. I 박사는 1초도 주저하지 않고 홀로그램 아바타 방문을 수락했다. 가볍고 청명한 물소리와 함께 라벤더 향기가 방 안 가득히 퍼졌다. 수초 후, 밝고 명랑하고 큰 웃음소리와 함께 "축하해 I"라고 외치면서 홀로그램을 타고 루스 박사가 나타났다.

"와우, 루스 이게 몇 년 만이야. 그동안 더 예뻐졌네. 무슨 줄기세포 청노화 시술이라도 한 거야?"

"빙고, 요즘 줄기세포 청노화 시술 가격이 크게 떨어졌잖아. 나 아직도 진짜 30대 같아. 막내도 하나 더 갖고 싶어. 대학생 아들이 '엄마 찬성해요' 하네. 호호호."

상대방이 듣든지 말든지 속사포 같이 쏘아대는 말솜씨는 여전했다. 그래서 더 반가웠다.

I는 루스를 껴안았다. 40년 전 아침마다 아르곤 연구소 카이랄 실험실에서 반갑게 인사하던 그 느낌, 그 포근함, 그 안락함과 기쁨과

행복감이 다시 찾아왔다. 그래, 이 맛이야.

"카이랄 인사법 잊지 않았겠지?"

"잊기는. 지금도 연구소에서 그 인사법이 유행인걸. 남녀가 케미가 맞는지 측정할 때 아주 좋다고 금방 퍼졌잖아."

두 여자는 한 번 왼쪽으로 돌면서 껴안은 뒤, 다시 오른쪽으로 돌면서 안았다. 오랜만에 만난 회포를 풀기라도 하듯이 I와 루스는 여러 번 돌고 돌면서 기쁨을 나눴다. 두 사람을 둘러싼 공기도 보이지 않게 둥글고 둥근 원형의 카이랄을 형성하면서 기뻐하는 것 같았다.

사람의 손발이 좌우 대칭이고, 눈과 콧구멍과 귀가 좌우 대칭이면서도 겹쳐지지 않듯이, 모든 세포와 심지어 빛까지도 좌우 대칭 구조를 갖는다는 카이랄리티는 I와 루스가 40년 전 크게 발전시킨 분야였다. 사이언스 저널에 논문도 발표하고, 특허도 출원하는 등 이제 막 한국과 우크라이나에서 건너온 두 젊은 여성 과학자는 카이랄리티로 국제적인 주목을 받게 됐었다. 그 성과를 기념해서 루스와 I는 좌우로 회전하는 카이랄 인사법을 고안해서 아르곤 연구소에 퍼뜨린 적이 있다.

"루스, 정말 어떻게 피부가 이렇게 탄탄해?"

"그러게, 나도 놀란다니까. 다 줄기세포 덕분이지."

2020년 즈음 미국에서 줄기세포를 이용해서 파킨슨병을 치료한 이후, 세계 의학계는 줄기세포를 이용한 난치병 치료법 개발에 봇물이 터졌다. 치매, 뇌졸중 등 치명적인 성인병을 저렴하게 치료하는 길이 열렸다. 불임시술과 피부미용 등 건강하고 행복한 삶을 유지하는 장수기술도 잇따라 나오면서 누구나 손쉽게 이용할 수 있게 된 것이다.

"루스, 근데 나 수상식에 가고 싶지 않아."

"무슨 소리야. 노벨상 수상식에 당연히 참석해야지."

"아냐. 잘하는 사람을 콕 집어서 상을 주고 사람들이 우러러보게 만드는 것은 내 스타일이 아니야."

"맞아. 그래도 네가 높아지는 게 아니고, 너와 함께 걸어온 동료 선후배를 대신해서 네가 나선 거잖아."

"……."

"너무 깊게 생각하지 마."

"이미 언론에 보도된 것만으로 충분해. 어쨌든 난 참석하고 싶지 않아."

결론은 유보한 채 루스와 더 정확히는 루스의 홀로그램 아바타와 짧지만 강렬한 인사를 나눈 다음, I는 패치폰으로 들어오는 축하 메시지와 선물을 확인했다. 전방에 있는 아들도 패치메시지를 보내왔다.

〈엄마, 꼭 해낼 줄 알았어요. 축하해요.〉

11월부터 눈발이 휘날리는 고산지대 GOP에서 특수 수색대원으로 군 복무 중인 아들은 나노 모드로 메시지를 보냈다. 마치 그 아이가 엄마의 태중에 있는 듯 세포 하나하나가 진동하는 것과 같은 아가페 느낌이 진하게 전해졌다. 그러나 그중에 약간의 미묘하면서도 빈틈이 있는 진동이 딸려 들어왔다.

I는 패치폰으로 즉시 메시지를 날렸다.

{아들, 요즘 괜찮아?}

〈그럼요 엄마.〉

{아들, 엄마를 잘 알잖아. 염려하지 말고 말해봐~}

〈엄마, 정말 대단해요~~ 눈치채지 못하게 나노 메시지도 mute 모드로 조절했는데 어떻게 아셨어요? 사실은 제대가 가까웠어요. 근데, 밀리터리 아바타와 헤어질지도 몰라요.〉

{이런, 생사람을 왜 찢어놓는데?}

〈내 밀리터리 아바타가 삼각지대 비밀에 너무 많이 접촉해서, 부대에서는 보안을 어떻게 처리할지 고민 중이에요.〉

{…}

벌써 40년이 지났다. I는 카이스트 학부를 졸업하고, 바로 미국으로 건너갔다. 호기심이 많은 I는 건너뛰는 데 익숙하다. 한국에서도 과학고를 2년 만에 조기 졸업하고 카이스트에 입학했던 그녀였다. 석사를 거쳐 박사학위를 취득하는 기간이 너무 길게 느껴졌다. 그런데 미국에서는 석사를 건너뛰고 박사학위를 취득할 수 있는 과정이 있었다. 귀가 솔깃한 그녀는 미국의 여러 대학 및 연구소에 이메일을 보내고, 전화를 돌리고 자신의 연구 관심 분야를 소개하는 적극성을 발휘했다. 행운은 저절로 오는 것이 아니고, 만들어가는 것이다. 자신이 맡은 모든 일에 최선을 다하면서 특히 주변 사람들을 성심성의껏 최선을 다해서 상대하면 좋은 일로 안내하는 축복의 문이 열린다.

6년 동안 미국 국립연구소에서 박사학위 과정을 거쳤다. 그때 같은 실험실에서 지냈던 루스는 일생의 친구가 됐다.

50년 전인 2021년, 대한민국의 한 중소도시의 중학생이었던 I는 특별히 좋아하는 선생님이 있었다. 그분은 새로운 지식을 많이 가르쳐 주었다. 사람이 먼저 되어야 한다고도 했다. I를 감정적으로 어렵게 하는 사람이 나타나면, 선생님은 I를 꼭 안아줬다. 피부와 가슴뼈를 타고 전해지는 터칭touching의 따듯함은 유난히 몸집이 작은 I를 거인으로 만들어 주는 놀라운 파워가 있었다.

선생님은 새 학기가 시작할 때면 '예쁘게 살자'는 서약서를 한 장씩 내밀었다. 일종의 윤리서약서이다. 착하고 아름답게 그리고 결국은 기쁘고 행복하게 살자는 내용이었다. 거짓말하지 말아라, 시험 볼 때 커닝하지 말아라, 자기 데이터를 과장하거나 축소하지 말라는 등의 내용이었다.

여기까지는 다른 반에서도 다 서명을 한다. 선생님은 거기에 더 중요한 몇 가지를 덧붙였다.

"자, 서약서에 서명을 다 했죠? 이번에는 제가 하는 말을 받아쓰세요."

선생님이 불러주면, 아이들은 귀를 쫑긋하고 한 글자라도 틀리지 않기 위해 집중했다.

"제가 말하면 여러분은 따라 외친 다음에 쓰세요."

선생님은 오감을 동원해서 기억나게 하려고 받아 외치기와 받아 쓰기를 동시에 진행했다.

"일, 우리는 한 가족이다."

"일, 우리는 한 가족이다."

"서로 사랑하고 배려하고 아껴준다."

"서로 사랑하고 배려하고 아껴준다."

"이, 탓하지 않는다."

"이, 탓하지 않는다."

"내 탓 또는 남 탓 하지 않는다.

원인과 결과를 분석해서 해결책을 찾는다."

"삼, 항상 감사하는 마음을 갖는다."

I는 신이 나서 가장 큰 목소리로 외쳤다. 그 서약서를 사진 찍어서 공무원이었던 아버지에게 보여주면, 아버지는 이렇게 말했다.

"참 좋은 선생님이시네. 어쩜 이렇게 좋은 내용을 가르치지?"

I는 기분이 너무 좋아서 물었다.

"아빠 학교 다닐 때 선생님은 무슨 말씀을 하셨어요?"

잠시 딸을 사랑스러운 눈빛으로 보던 아버지는 이렇게 말했다.

"내가 초등학교 다닐 때는 말이야, 사람들에게 일본에 대한 감정이 아직도 남아 있었어."

아버지가 초등학생 때 아버지 담임 선생님은 아주 자주 일제 강점기 시대 우리나라 모습을 이야기했다. 한국인을 마루타로 삼아 생체실험을 한 이야기는 단골 메뉴였다. 젊은 여자를 끌고 가서 노예처럼 부렸다는 말도 가끔 말끝을 흐리면서 했다.

그러면서 담임 선생님은 나라가 힘이 있어야 한다, 잘살아야 한다, 그러려면 과학기술을 발전시켜야 한다고 강조했다. 일본 제국주의는 식민통치 시절, 법대를 세워 사람을 조종하는 처세술은 전해주었지만, 나라를 부강하게 만드는 과학기술 교육은 일부러 하지 않았다고 말했다. 과학기술 이야기를 할 때면 얼마나 몰입해서 외치는지 전율이 느껴졌다.

아버지는 초등학생 시절 그 선생님의 영향으로 애국심에 불타서 과학기술 발전에 이바지하겠다는 사명감을 가졌다.

아버지는 그 애국심과 사명감을 이루지는 못했지만, 어려서부터 전해 들은 아버지의 말 때문에 I는 자연스럽게 애국하는 과학자의 꿈을 꾸었다.

S 교수의 서재

행복하고 재미있고 모두가 기본적인 수준이 되는 생활을 누리는 세상을 만들려면 무엇이 필요할까? S 교수는 "사람들이 사심邪心을 버렸으면 좋겠다"고 말했다. 여기에서 '사심邪心'은 그릇된 마음, 바르지 않은 마음, 또는 사악한 마음이다.

사람들이 나쁜 마음을 버리려면 어떤 공학적 과정이 필요할까? 공학을 여러 가지로 정의를 내릴 수 있지만, 이런 설명이 눈길을 끈다. '공학은 가진 기술을 잘 이용하는 것이다.'

두 가지 요소를 결합하면 다음과 같은 상상을 할 수 있다.

사람이 나쁜 마음을 버려야 하는데, 무엇부터 해야 하나? 먼저 '사심'이라는 치명적이면서도 아주 미묘한 '마음의 염증'이 있는지 없는지 진단을 해야 한다.

소프트웨어를 자동으로 짜주는 프로그래머를 성공적으로 개발한 S 교수는 벌써 30년 전부터 사심 없는 사회 건설로 눈길을 돌렸다. 과학기술 못지않게 인간의 행복과 인류의 평화를 결정하는 것은 사람의 마음이다. 인류의 모든 스승과 모든 고등종교는 마음이 중요하다고 가르친다. 생명은 마음에서 나온다, 그런데 마음이 부패하면 모든 것이 부패한다. 마음을 다스릴 줄 알아야 하는데, 특히 나쁜 마음을 다스려야 한다. 마음에 사심이 들어가는 순간, 시기 질투 원망 분노가 싹튼다. 사심을 다스리는 사람, 그는 능히 커다란 조직을 다스릴 수 있고, 사회와 국가를 밝고 아름답게 통치할 수 있다.

나쁜 마음 걸러내는 '사심(邪心)측정기'

그러므로 행복하고 평화로운 사회 건설의 출발점은 사람의 마음을 지혜롭게 다스리는 것에서 출발한다. 좋은 마음은 격려하되, 나쁜 마음은 잘 다스려야 한다. 그렇다면 어떻게 사심을 다스릴까? 사람이 사심에 빠져서 실수할 때는 순간적으로 마음이 어두워졌기 때문에 자신의 마음이 사심으로 오염된 사실조차도 깨닫지 못할 만큼 인간은 어리석다.

사심을 부릴 것이냐, 말 것이냐 하는 것은 그 사람의 자유의지에 따른 선택이다. 다만, 주변에서 '지금 당신이 사심에 사로잡혀 있다'고 조언을 해 줄 수는 있다. 인공지능과 두뇌과학과 전자적인 센서 기능을 가진 융합기술을 응용하면, 인간의 마음이 어두워졌는지 정도는 진단할 수 있을 것이다.

정년을 마쳤지만, S 교수는 명예교수로서 아직도 제자들과 새로운 연구과제를 논의한다. 어린아이 같은 천진난만한 미소에 새로운 것을 보면 호기심을 참지 못하는 S 교수는 30년간 파고들었던 '사심탐지기'의 완성으로 과학기술 연구의 새로운 장르를 연 인물로서 국제적인 상을 수상했다.

2071년 여름, S 교수는 이제는 정말 카이스트를 떠나야겠다고 생각했다. 화성 여행은 1, 2년 비용을 모으면 쉽게 갈 수 있는 우주여행 코스로 개발됐다. S 교수 역시 3번에 걸쳐 화성 우주여행을 다녀왔다. 다음 우주여행 코스는 안드로메다 은하 탐험 여행이다. 우주천문학자들은 50억 년 뒤에 지구가 속한 우리 은하와 안드로메다 은하가 합쳐질 거라고 예상한다. 50억 년 뒤라고는 하지만, 지구의 완전한 종말을 이야기한다.

세계적인 과학자들은 '우리 은하 50억 년 프로젝트'를 가동했다. S 교수는 아마도 자신의 인류를 위한 마지막 봉사가 될 것이라고 생각해서 우리 은하 50억 년 프로젝트에 기꺼이 참여했다. S 교수는 안드로메다 은하를 탐사하는 우주여행선에 탑승하기로 했다. 5년 여정의 안드로메다 은하 우주여행을 떠나면, 어쩌면 지구로 돌아오지 못할지도 모른다. 죽음을 무릅쓰면서도 그렇게 위험한 우주여행에 나서는 것은 몇 가지 이유가 있다. 인생의 마지막까지 탐험하려는 의지를 보여주고 싶었다. 그보다 더 중요한 이유는 육신을 가지고 사는 이 지구상에서의 삶이 다가 아니라는 신념을 온 인류에게 보여주는 것이었다.

6개월 뒤로 다가온 안드로메다 여행을 앞두고, S는 2071년 6월, 마지막으로 'Reverse 빌딩'을 방문한다. S 교수 연구팀이 특허를 낸 '인공지능 프로그래머' 소프트웨어의 특허수수료로 지은 건물이다. 사람들은 더 이상 윈도우 프로그램을 이야기하지 않는다. 그 자리는 K 소프트웨어가 차지했다.

빌딩 입구의 인공지능 게이트를 지나면 향기로운 냄새와 아름답고 자연스러운 물소리가 들려온다. 물소리는 계룡산 수통골의 수통폭포 소리를 녹음한 것이다. 게이트를 지나면, S가 착용한 선글라스 형태의 모니터로 몇 가지 수치가 올라온다.

첫 번째 수치는 건강을 나타내는 표지이다. 혈압 정상, 맥박 정상, 신체 대사 지수 정상, 성인병 정상이다. 골밀도나 혈액순환 속도 역시 정상이거나, 신체 나이보다 20년 젊게 나타난다.

그보다 그가 기다리는 수치는 '사심지수'이다. 50년 전 사람들은 음주측정기로 운전자가 위험할 정도로 술을 마셨는지 측정해서 운전하지 못하도록 제한했다. 심지어는 운전면허를 박탈하거나, 법적인 강제조치를 취했다.

음주측정기가 하던 역할을 지금은 바로 사심측정기가 맡았다. 측정 대상은 음주 여부가 아니라, 그 사람의 마음에 얼마나 사심이 자리 잡았는지를 본다. 다만 사심측정기가 잰 사심 지수는 본인에게만 전달된다.

만약 사심지수가 위험한 수준이라면, 카이스트 교직원이나 학생들은 스스로 자가 격리를 결정한다. 전날 부부싸움을 심하게 했다거나, 애인과 헤어졌다거나 심각한 물질적 어려움에 시달렸다거나 혹은 배신을 당하거나 했을 경우 사심지수가 크게 요동칠 것이다. 사심지수를 근거로 자발적으로 자가 격리에 들어갈 경우, 아무도 묻지도 따지지도 않는다.

사심지수 측정에 따른 이 같은 조치를 시행한 지 벌써 10년째이다. 처음 사심측정기를 설치하자는 아이디어를 발표했을 때, 사람들은 코웃음을 쳤다. 그러나 몇 년 시행해보니 연구 성과가 크게 향상됐다. 더 행복해지고 즐겁고 아름다운 마음을 쓰기 때문에 당연한 결과이다. 행복지수도 높아졌다. 갈등은 크게 줄었다. 사심측정기는 5년 전부터 거의 모든 공공기관과 다중 이용시설 게이트에 설치되고 있다.

사심지수가 높게 나오면, 사람들은 자기 스스로 진단을 내려 자가 격리를 하거나 혹은 전문가의 도움을 받아 스스로 해소할 수 있다. 본인의 사심 지수를 앱에 띄우는 동시에, 전문가의 도움을 요청하면 다양한 분야의 전문가와 수시로 만나서 도움을 받는다. 누군가 지켜보고 감시하기 때문이 아니라, 스스로 본인의 마음을 관찰하고 보살필 수 있기 때문에, 자발적으로 사심측정 앱을 사용하는 사람의 숫자가 급증하고 있다.

이때 오랫동안 정책문제로 자문을 해 주던 과기정통복지부 행복국장이 전화를 걸어왔다. 사심지수 측정기 이후, 과학자들은 '욕심지수 측정기'를 개발했다. 정부는 어느 사람의 욕심지수가 일정 수준 이상으로 올라가면, 본인이 원하지 않아도 외부 전문가가 개입하는 방안을 논의하고 있다. 하지만, S 교수는 외부개입으로 욕심지수를 통제하는 것은 각 사람의 자유의지를 제한하는 것으로 바람직하지 않다고 생각한다. 지난 5년 동안 사람들이 직접 보여준 것처럼, 본인의 마음을 이해하고 스스로 돌보는 자정 능력을 키우는 문화를 조성하는 것이, 시간은 더 오래 걸리겠지만 장기적으로 부드럽게 사람들의 마음을 얻을 수 있는 방법이라고 생각한다.

교수는 아마도 생애의 마지막 통화를 나눈다.

"국장님, 욕심지수를 공공기관에서 통제하고 개입하는 것에 저는 반대합니다. 아마 저와 더 이상 통화할 수 없을 거예요. 안녕히 계세요."

S 교수는 마지막 인사를 하기 전에 행복국장을 붙잡았다. "그런데 국장님, 제가 지구를 떠나기 전에 중요한 제안을 하나 남기고 갈게요. 법에 대해서 생각해보니, 사람들을 격려하는 법이 필요할 것 같아요. 사람들이 잘못을 저지르면 형법刑法으로 처벌하지 않습니까. 좋은 일을 하면 칭찬하고 널리 알리는 그런 법은 왜 없을까요?"

생애를 마치려는 그 순간까지 치열하게 고민하면서 아이디어를 짜내는 S 교수의 그 정열은 도대체 어디서 나오는 것일까? 행복국장은 잠시 가슴이 벅차오르는 것을 느꼈다. 행복국장의 전공은 사실 법학이었다. 벌을 주려는 형법은 있는데, 상을 주려는 법은 왜 없을까 하는 고민은 그가 대학원 시절 고민하던 것이기도 하다.

"글쎄요, 아마 법이라는 것이 권력을 가진 사람이 다수의 사람을 지배하기 위해서 만들었기 때문이 아닐까요?"

엉뚱한 생각이라고 무시하는 대신 진지하게 답변하는 행복국장의 반응에 S 교수는 힘이 솟았다.

"그런 거 같아요. 사법기관은 질서를 유지하기 위해서 존재하지만, 사법기관이 그렇게 큰 권력을 누리는 것은 바로 사람에게 벌을 내릴 권한을 가졌기 때문일 거예요. 그런데, 왜 사람을 격려하고 칭찬하고 상을 주는 그런 법은 없을까요?"

"……글쎄요, 상을 주는 기준을 정하기가 어려워서 그런 것 같아요."

"하지만, 좋은 사회를 만들려면 벌을 주는 것 못지않게 상을 주어야 사람들이 더 착하고 공정하고 아름다운 행동을 하도록 격려하는 엄청난 효과를 가져올 것 같은데요, 어떻게 하면 좋을까요?"

"제 생각에는 말이죠, 상을 준다고 하면 그것을 악용하는 사람들이 너무 많이 나와서 원래의 취지는 퇴색해서 악화가 양화를 몰아내고 말걸요. 저는 인간이 기본적으로 선하다고 생각하지 않아요. 인간의 본성은 악하기 때문에 악을 처벌하는 것이 질서유지에 아주 큰 도움을 주겠죠."

"그럴 수도 있어요. 그럴수록 우리는 인간의 선한 의지가 더 잘 발동하도록 제도적으로 격려할 필요가 있다고 생각해요."

"그런데 착한 일을 한 사람이 착한 일의 대가로 상을 받으려 할까요? 착한 일을 한 사람은 그것을 드러내려 하지 않겠지요."

"저는 범죄를 줄이기 위해서라도 축복법Law of Blessing을 제정해야 한다고 생각해요. 벌 받는 게 무서워서 죄를 안 짓는 것도 한 방법이지만, 상을 받기 위해 착한 일을 하려고 노력하면 범죄율이 크게 줄어들지 않을까요?"

축복법을 제정하자는 S 교수의 마지막 통화는 행복국장에게는 유언으로 남았다. 과학자가 행정가에게 남긴 유언, 피 한 방울 섞이지 않았지만, 노교수의 유언은 공직생활의 황금기를 향해 가고 있는 행복국장의 마음에 뜨거운 정열을 불어넣는 것이었다.

행복국장은 노교수의 유언을 실천해야 할 역사적 과업을 짊어져야 했다.

며칠 뒤 행복국장은 S 교수의 연구실로 S 교수의 제자들을 찾아 갔다. S 교수가 그에게 남긴 유언을 전해주면서 축복법 제정이 기술적으로 가능한지 논의하기 위해서이다.

S 교수는 아끼는 제자가 3명 있었다. S-1 박사는 사심측정기 개발에 온 힘을 기울여 지원했다. S-2 박사는 그다음 단계로 정심正心 측정기 개발로 눈을 돌렸다. 인간의 정직하고 착한 정심正心을 발굴해서 격려하고 알려야 사회가 더 좋아지지 않겠느냐는 평소 소신이 반영된 것이다. S-3 박사는 사심측정기와 정심측정기를 실제 사회현상에 응용하고 수익을 내는 사업화 방안 연구에 눈을 돌렸다.

사심측정기가 국내외에서 훌륭한 성과를 내는 것이 증명되자, S-2는 정심측정기 개발에 더욱 몰두했다. 그러나 쉽지 않았다. 수천 년 동안 인류는 인간의 나쁜 면을 들춰서 벌을 주는 데 익숙하다. 어린이도 "사람이 죄를 지으면 어떻게 되지?"라고 물으면 대체로 "벌을 받지요"라고 대답한다.

인류는 착한 일, 정직한 일, 남을 이롭게 하는 일을 했다고 상을 주는 일에 익숙하지 않다. 표창장을 주거나 승진에 약간의 도움을 주기는 해도, 매우 제한적이다. 죄를 지었을 때 벌을 주는 것에 비할 바가 아니다.

S-2는 죄와 벌만 강조하는 수천 년 된 관습이 못마땅했다. 연구실에서 항상 "왜 죄와 벌만 드러내는 일벌백계一罰百戒만 강조하지? 신상필벌信賞必罰로 조화를 이뤄야 하잖아"라고 되뇌었다.

그러면 남에게 간섭받는 것을 극도로 싫어하는 S-1은 이렇게 말하곤 했다.

“일벌백계나 신상필벌은 전쟁 때 나온 고사성어잖아. 졸병들 제멋대로 부리려고 만든 악법 아냐? 절대 권력을 가진 왕이 졸병들을 죽음으로 몰아넣는 것을 합리화시키려는 세뇌洗腦 문구라고.”

빈정이 상한 S-2는 절대 물러서지 않았다.

“지금 우리가 만든 사심측정기도 나쁜 마음을 측정하는 것이니, 일벌백계에 더 가까운 거 아냐? 옛날 기득권층은 무력으로 사람들을 다스렸잖아. 그러면 우린 뭐가 다른데? 지금은 과학기술 시대라며? 과학기술이 바로 권력이고 경제력이잖아. 우리도 잘못하면, 사람들을 불평등으로 몰아넣을 수 있어. 우리가 기득권의 권력과 경제력을 강화시키는 공범자가 안 된다고 장담할 수 있어?”

정심(正心)측정기와 축복법(Law of Blessing)

화가 난 S-1은 붉어진 눈으로 씩씩거렸다.

“뭐? 기득권의 권력을 강화시키는 공범자? 너 말 다 했어?”

두 제자의 살아온 배경은 아주 달랐다. S 교수는 두 사람의 의견 차이를 억지로 조화를 이루려 하지 않았다. 분노하는 그 열정이 새로운 것을 창출하는 에너지가 될 것이다. S 교수 생각에도, 사심측정기가 아무리 좋아도 한쪽 날개뿐이니 균형을 맞추기 위해 정심측정기 개발에 도전한 것이었다.

S-3 박사는 사심측정기와 정심측정기는 한 짝을 이루는 쌍둥이와 같다고 생각했다. 그런데 정심측정기를 뭐에 써먹지? 사람들이

사용해야 연구비도 건지고 부가가치를 만들어서 엉뚱한 연구에 투자할 수 있다. 그러려면 제도권에서 사심측정기와 정심측정기를 좋은 목적에 사용하도록 유도해야 한다.

S-3 박사는 형법刑法의 반대편에 있는 축복법祝福法은 왜 없을까 하는 의문이 들었다.

"당연하지. 독재자들이 뭐 때문에 종처럼 부리는 백성에게 상을 주려고 하겠어?"

S-1의 시니컬한 반응에 S-2는 가만있지 않았다.

"물론 그럴지도 몰라. 근데 죄는 행동으로 드러나지만, 착하다는 것은 행동 이전의 마음의 문제잖아. 독심讀心 기술이 없는데 어떻게 보상을 줄 수 있겠어?"

S-2의 온건한 대답은 S-3에게 힌트를 주는 것이다.

"맞아. 재판은 어떤 범죄를 저질렀거나, 나쁜 행동을 했을 때 처벌하는 것이 목적이지, 단순히 마음속으로 나쁜 생각을 먹었다고 처벌할 수는 없잖아? 그러니까 말야, 내 생각에는 말이지, 우선 우리가 정말 착하고 정의롭고 이타적인 마음을 측정하는 장치를 준비해야 할 거 같아."

"그다음에는?"

"그다음에는 말이지, 정심측정기로 기록한 축복지수Blessing Index를 합산해서 점수가 높으면 세금을 감면해 준다든지 하는 거야. 착한 마음을 먹으면 범법 행동을 안 할 것이고, 그러면 국가 예산에서 사회질서 및 공공안녕 유지 비용이 줄어들지 않겠어? 그렇게 줄어든 예산을 환급하는 거지."

"마음을 곱게 쓰면 질병도 덜 걸리니, 복지 예산도 줄어들겠네?"

3명의 제자들은 행복국장과 함께 기술적인 방안과 법적인 가능성을 논의해서 다음과 같은 결론을 얻었다.

1. 온 국민의 개인별 축복지수를 측정하고 이를 개인별로 수치화하는 것은 데이터 사이언스, 인공지능, 양자컴퓨팅 등을 이용하면 어려운 일이 아니다.
2. 전체 국민의 축복지수 총합을 합산하면, 그 총합으로 국가의 보건 및 공공질서 관련 예산이 얼마나 줄어들 것인지 추산할 수 있다.
3. 이를 바탕으로 축복지수 상위권 득점자에게 세금을 감면하거나, 공공기부금으로 사용하도록 유도한다.
4. 형법에 대칭되는 '축복법'을 제정한다.

이에 따라 인류 역사상 처음으로 축복법을 제정하기로 하고 동서고전과 형법 등을 분석하는 연구팀이 구성됐다.

T 교수의 출생의 비밀

앨리스 T Alice Tee 박사는 마음이 뒤숭숭했다. 분자생물학을 응용한 신약개발의 세계적인 권위자로 성장한 T 박사는 수십 개가 넘는 신약 특허로 들어오는 수입으로 질병 퇴치와 수명연장을 위한 또 다른 연구에 꽃을 피우고 있었다.

그런데 나이 60세가 되어서야 자신의 지나온 '유전자 과거'Gene History를 알게 된 것이다. 감정적으로는 다시 사춘기가 돌아온 듯했다. 부모님은 한 번도 T 박사의 과거를 제대로 알려주지 않았다. 그 사실을 알았을 때 부모님은 이미 세상 사람이 아니었다.

20년 전 2051년 11월 23일 그날은 목요일이었다. 어머니는 돌아가시기 전에 어머니다운 유언을 남겼다.

"앨리스, 사랑하는 딸아. 이제 마지막 보물찾기를 하고 싶구나."

세상을 떠나려는 어머니의 표정은 105세 노인의 모습이 아니었다. 10살짜리 소녀와 같이 천진난만하고 익살스러운 미소가 가득했다. 어머니는 '재미없는 일은 일이 아니냐'라고 항상 즐겁고 기쁘고 재미있게 사는 법을 가르쳤다. 앨리스가 과학을 특히 복잡하고 변수가 많은 생물학을 비롯해서 융합과학에 싫증 내지 않고 지금까지

과학자로 살아온 데는 어머니의 영향이 컸다. 무슨 실험을 해도 재미있게 이끌었고, 아무리 어려운 질문이라고 해도 간단명료하게 그리고 잘 정돈된 상태로 마치 보물찾기를 하는 것 같은 방법으로 가르쳐주던 분이었다.

어머니는 20년 뒤인 2071년 11월 23일에야 봉인이 해제되는 블록체인 문서를 클라우드에 띄워놓았다고 했다. 두근거리는 마음으로 앨리스는 밤샘하면서 기다리다가 2071년 11월 22일 23시 59분 59초가 지나자마자 암호를 넣어 어머니 유언의 봉인을 해제했다.

새벽을 꼬박 보내면서 흥분된 마음으로 유언을 찾아 읽은 탓이었는지 앨리스는 쉽게 마음을 진정시킬 수 없었다.

그냥 한두 쪽짜리 유언장이 아니었다. 사진과 문서, 병원 진료기록, 유전자 데이터, 동영상 등 거의 회고록을 집필할 만큼 방대한 분량이다. 그중 앨리스의 출생의 비밀이 담긴 파일은 앨리스의 마음 한 구석에 남아 있던 뭔가 알 수 없는 빈 곳을 채우는 느낌이었다.

앨리스의 할아버지는 과학자였다. 할아버지는 33세에 대장암에 걸려 왼쪽을 수술했다. 그 후에도 암이 여러 곳에 생기는 바람에 암 수술만 5번을 한 분이었다. 다행히 할아버지는 분자생물학 박사이면서 의사인 준June 박사와 친분이 있었다.

할아버지는 남매를 자녀를 뒀다. 외삼촌도 33세에 대장암에 걸려 수술을 받았다. 앨리스의 어머니 역시 암 수술을 피할 수 없었다. 어머니는 결혼하자마자 자궁암이 생겨서 자궁을 제거하는 수술을 받았다. 그것도 정확히 33살에. 놀란 어머니는 준 박사에게 도움을 요청했다.

준 박사는 치명적인 유전병이 있을지 모른다고 생각했다. 2018년즈음 한국과 중국 그리고 미국에 있는 의사와 과학자들의 네트워크를 이용해서 앨리스 집안의 게놈을 분석했다. 아직 한국에는 유전자 시퀀싱이 활발하지 않은 시절이었다.

분석 결과 그녀의 유전자에 대장암에 잘 걸리는 유전자 변이가 있는 것이 드러났다. 대장암 변이 유전자는 33세가 되면 활성화되도록 너무나 정확하게 시계가 켜져 있었던 것이었다. 그 유전병이 남자에게는 대장암으로, 여자에게는 자궁암으로 변이가 일어났다.

앨리스 어머니는 그래도 자녀를 낳고 싶었다. 자녀를 키우는 기쁨과 자신을 이어가려는 강렬한 열정을 도저히 억누를 수는 없었다. 어머니는 자궁을 떼어내기 전에 난자를 채취해서 액체 질소에 얼려두었다. 자궁 제거 수술을 하고 몸을 회복해서 충분히 건강해지기까지 2년을 기다렸다. 어머니는 얼려두었던 난자를 꺼내 남편의 도움을 받아 체외수정을 했다. 천만다행으로 체외수정한 수정란에 유전자 결함이 있는지 없는지 확인할 수 있었다.

자궁이 없는 어머니는 미국 의사의 도움을 받아서 자신의 유전자를 간직한 아름다운 자녀를 낳아줄 대리모를 찾았다.

블록체인의 봉인이 해제된 문서에는 바로 앨리스의 출생의 비밀이 담겨 있었다. 어머니는 끝까지 유쾌함과 재미와 기쁨을 잃지 않았다. '출생의 비밀' 하면 K드라마의 단골 메뉴로 눈물을 자아내는 형식이 보통이었지만, 어머니는 그렇게 하지 않았다. 시종 웃으면서 담담하게 그리고 정말 어린아이가 보물찾기를 하는 듯한 장난기 가득한 표정으로 이런 모든 과정을 설명하는 동영상을 남겨놓았다. 수술기록, 준 박사와 상의하는 모습, 예상되는 위험성, 대리모와의 대화 등등이었다.

자신의 출생에 대해 손톱만큼도 다른 생각을 한 적이 없는 앨리스는 반나절이 지나면서 마음이 진정됐지만, 몇 가지 중요한 선택을 해야 했다. 10개월 동안 자신의 생물학적 울타리가 되었던 대리모를 찾을 것인지 말 것인지 결정해야 했다. 대리모가 생존했는지 사망했는지도 아직은 알 수 없었다. 대리모의 연락처를 기록으로 남기지는 않았지만, 마음먹으면 찾을 수 있는 몇 가지 단서는 남겨놓았다.

어머니가 남긴 병원 기록은 앨리스에게 과학적인 호기심을 불러일으켰다. 건강한 자녀 출생에 필요한 연구 자료로 따지면, 앨리스 자신에 대한 이 엄청난 데이터만큼 더 좋은 것은 없을 것이다.

앨리스 박사는 어려서부터 역사와 출신지에 관심이 특별히 높았다. 어렴풋이 자신의 출생이 예사롭지 않다고는 느끼고 있었다. 이제 그 같은 호기심의 원인이 이해가 되는 것 같았다.

또 다른 이유가 있다. 앨리스는 인도에서 태어나 중학생 때 우리나라로 유학 온 인도 과학자와 결혼했다.

우리나라는 세계에서 가장 낮은 출산율을 기록하면서 닥쳐온 인구감소의 재앙을 극복하기 위해 외국의 중고등학생을 대상으로 대거 유학의 문을 열었다. 취학 학생의 감소로 문을 닫게 된 중고등학교는 기숙사를 짓고, 외국의 중고등학생을 받아들였다.

앨리스는 남녀공학에다 외국인 학생이 30%를 차지한 세계중학교에서 남편을 처음 만났다. 고향이 그리워서 가끔 구석에서 눈물을 흘리는 남편을 위로하다가 두 사람은 서로 마음이 잘 통하는 것을 발견했다. MBTI 검사를 하면 두 사람은 모두 INTP로 대화가 아주 잘 통했다.

남편은 신비한 전설을 안고 있었다. 우리나라 금관가야의 시조인 김수로 왕의 왕비인 허황옥許黃玉은 인도 출신으로 여러 문헌에 기록이 남아 있다. 허황옥은 인도 북부 우타르프라데시Uttar Pradesh주에 있는 고대 도시 아요디아Ayodhya 왕국의 공주였다는 것이다. 앨리스 남편은 바로 이 아요디아에서 태어났다. 두 사람은 아요디아에서 온 허황옥 공주의 전설을 이야기하면서 더 가까워졌다.

우리나라의 대통령과 공무원 그리고 전문가들이 실패한 정책 중 대표적이고 결정적인 것이 두 가지가 있다. 첫 번째는 인구정책이고, 두 번째는 대학정책이다.

한 국가의 합계출산율이 2.1이 되어야 기존의 인구 규모를 유지하는 것으로 본다. 우리나라는 산아제한정책으로 인구증가율과 합계출산율을 급격히 낮추면서 경제발전을 이뤘지만, 브레이크를 밟아야 할 시점에서도 계속해서 지나치게 과도한 산아제한정책을 수립했다.

우리나라는 1962년 보건사회부에서 '덮어놓고 낳다 보면 거지꼴을 못 면한다' 등의 슬로건을 내걸고, 빈곤 퇴치를 위한 출산 억제를 강력하게 시행했다. 1960년 6.16명이던 합계출산율은 급격하게 줄어 1983년 합계출산율이 인구 대체 마지노선인 2.1명에 약간 못 미치는 2.06명을 기록하더니 1984년에는 1.74명으로 감소했다.

이즈음에 산아제한정책을 폐기해야 했지만, 관성이 붙은 산아제한정책은 1996년이 되어서야 폐기됐다.

이 같은 변화를 가장 잘 보여주는 것이 대한가족계획협회가 발표한 표어이다.

덮어놓고 낳다 보면 거지꼴을 못 면한다1960년대 → 딸, 아들 구별 말고 둘만 낳아 잘 기르자1971년 → 잘 키운 딸 하나 열 아들 안 부럽다1978년 → 아빠, 혼자는 싫어요. 엄마, 저도 동생을 갖고 싶어요2004년

이 어리석은 정책의 판박이는 한 번 더 나타난다. 출생률의 급감으로 취학아동이 급격히 줄어드는 것은 누구도 막을 수 없는 '정해진 미래'이다. 정해진 미래는 예정된 비극을 가져온다. 출산율 급감은 수년 안으로 취학아동의 감소를 불러오면서 중학교 고등학교 대학교 입학생의 감소를 불러온다. 그렇다면 그때부터 입학생 감소에 따른 대학교 정비와 교수인력의 조정을 예상해야 한다.

그러나 대통령을 비롯해서 공무원, 교육자 등은 반대 방향으로 나아갔다. 무분별하게 대학교 설립허가를 내주었고, 2년제 전문대학을 4년제로 바꿔 '대학교'라는 명칭으로 바꿔주는 화장술로 교묘하게 교육계를 왜곡시켰다.

외국인 중고등학생 기숙학교 설립

이러한 실패는 교육계 전반을 서서히 숨 막히게 옥죄고 있었다.

대학의 파산으로 이어지면서, 수많은 박사학위 인력들이 직장을 잃는 재앙을 불러왔다.

합계출산율의 비극은 앞으로 수십 년 동안 우리나라의 가장 기본적인 문제로 남아 있을 것이다. 인구감소는 정해진 미래이므로, 이러한 결핍이 과학기술 발전에도 중요한 영향을 미칠 것이 분명하다.

카이스트 미래전략대학원이 발견한 미래예측방법론 스테퍼STEPPER의 특징은 인구문제를 중요한 요인으로 도입한 것이다. 인구감소와 과학기술 인력 및 연구주제에 있어서 바로 이러한 분야를 우리나라가 해결해야 할 주요 과제로 만들어야 한다.

과학기술이 인구문제에 대한 해결방안은 대체로 3가지로 나뉘어 추진됐다.

첫 번째는 출산율을 높이기 위해 의과학이 할 역할을 강화하는 방안이다. 난임을 해결하고, 나이가 들어서도 건강한 아이를 출산할 수 있는 의과학 기술이 활발하게 개발됐다. 40세에 첫 출산을 해도 건강한 아이가 태어났다.

두 번째는 약 750만 명에 달하는 동포를 과학기술 인력으로 양성하는 방안이 적극적으로 추진됐다. 동포는 대한민국 국적을 가진 적이 있는 외국 국적자와 그의 직계 비속을 말한다. 동아시아 328만 명, 북미 278만 명, 유럽 및 중앙아시아 68만 명 등이 큰 비중을 차지한다. 이들 지역에 거주하는 중고등학생들을 대상으로 현지에 우리 정부의 도움으로 과학고등학교를 설립해서, 우리나라의 과학기술 인력으로 양성하거나, 한국 대학으로 유치하는 방안이 시행됐다.

세 번째는 외국인 중고등학생을 유학생으로 받아들이는 방안이 시행됐다. 인구문제의 절박함과 우리나라의 국제화 및 세계화를 생각하여 외국의 중고등학생을 우리나라에 장학생으로 유치하기 시작했다. 취학아동의 감소로 문을 닫게 된 중고등학교에 기숙사 시설을 설치한 '세계중고등학교'가 주요 도시에 태어났다.

3장

생산의 혁명,
생물학이 이끌어

코로나 백신으로 더욱 가까워진 미래

코로나 팬데믹이 가져다준 선물

과학사 학자들은 후에 2020년을 기록할 때 굉장한 진보를 이룩한 한 해로 기억할 것 같다. 코로나 팬데믹으로 세계 경제는 위축되고, 자영업자들의 고통이 가중되었지만, 고난은 문명이 도약하는 중요한 축복을 동시에 가져왔다.

문명의 도약을 가져온 디딤돌의 역할을 한 것은 과학과 새로운 산업이었다. 그중 가장 중요한 진보는 생물학을 중심으로 일어났다. 코로나 팬데믹이 터졌을 때 두려움과 공포와 의심의 안개가 전 세계 사람들을 뒤덮었다. 과거 지구를 충격에 빠뜨렸던 치명적인 전염병의 재림을 떠올리면서, 세계 각국은 국경을 닫아걸었다. 뿐만 아니라, 자국민의 이동을 제한하고 식당과 학교의 문을 닫았다. 주말만 되면 산으로 들로 나가는 너무나 당연한 일상적인 루틴마저 차단을 당했다. 그래도 누구 하나 그게 반대하지 않았다. 일부 음모론자들의 부추김이 있었지만, 시간이 지나면서 사람들을 더욱 더 혼란으로 몰아넣을지 모르는 음모론은 동력을 얻지 못하고 사그라

들었다.

이 예상치 못한 바이러스의 공격을 물리치기 위해 과학자들이 온 힘을 다해 맞서 싸웠다. 죽음과 공포와 의심 그리고 음모론에서 인류를 건지기 위해서는 코로나19 바이러스를 묶어버릴 백신이 필요했다.

사실 코로나19 바이러스에 대항하는 백신을 신속하게 개발하는 기술은 어느 정도 확립이 되어있었다. 다만, 개발한 백신이 얼마나 안정적인지에 대한 임상시험 절차가 매우 까다로웠다. 과학자들이 백신을 제조해도, 인체에 전혀 해가 없다는 임상시험을 하려면 7~8년이나 기다려야 했다.

코로나19 팬데믹은 이 오래된 관행을 도자기를 망치로 부숴 버리듯이 한순간에 깨뜨리는 계기를 마련했다. 세계가 마비되면서 경제는 곤두박질치고 병원에 전염병으로 사망한 시신이 넘쳐나는 마당에, 평화로운 시절에 진행하는 정상적인 임상시험 절차를 준수해서는 바이러스 전쟁에서 이길 방법이 없었다. 과학자 전문그룹은 결국 코로나19 바이러스에 대항할 무기인 백신을 접종하기로 결단을 내려야 했다.

평소라면 8년이 지나서야 시장에 나올 코로나19 바이러스 백신은 이렇게 1년 만에 개발되어 접종이 이뤄지게 됐다.

이 조치는 합성생물학이라는 다소 생소한 융합과학이 폭발적으로 발전하는 중요한 계기를 마련하는 일대 사건이 아닐 수 없다.

합성생물학이란 무엇인가? 생물학이 진정한 공학 분야로 편입되는 것을 말한다. 생물학적 생명의 조각을 인간이 레고 블록을 쌓듯이 순수하게 과학적 판단에 의해서 인간의 지식과 인간의 노력으로 재현하는 것이다.

인간은 땅을 파기 위해 굴착기를 이용한다. 사람이 삽으로 땅을 파는 것에 비해서 굴착기가 가져올 생산성의 폭발적인 증가는 비교 자체가 어렵다. 인간은 두더지를 보고 굴착기를 발명했다. 그러나 지금 굴착기와 두더지는 직접 관련이 없다. 사람은 자유롭게 하늘을 날아다니는 새를 보고 하늘을 날아다니는 꿈을 꿨다. 그래서 비행기가 나왔지만, 새는 인간에게 상상력을 제공했을 뿐 직접적인 연관성은 없다.

생물학 분야에서도 이 같은 변화가 마침내 자리를 잡게 됐다. 나무이든 동물이든 혹은 세포나 박테리아 혹은 바이러스 같은 모든 생물학적 생명체는 인간에게 생물학적 기능에 대한 지혜를 제공하고, 상상력을 자극했다.

과학자들은 생물학적 생명체의 작동 원리를 깨우쳤지만, 생물학적 생명 기계로 발전시키지는 못했다. 합성생물학은 바로 생물학적 생명체의 원리를 기계로 발전시키는 가장 최근의 추세이다. 코로나 19 팬데믹은 이 도도한 물줄기가 자리를 잡게 한 중요한 전환점을 마련했다.

공장 속에 침투하는 생물학

머지않은 미래에 아마도 지금 청소년 세대가 아직도 살아 있을 때, 중후장대한 공장들은 점차 자리를 감출 것이다. 지구는 점점 푸르고 아름답고 살기 좋은 곳으로 변하고, 대기는 더욱 맑아질 것이다. 인구는 계속 늘어나지만, 그렇다고 먹을 것을 걱정하는 사람들은 한 명도 찾아보기 어려워진다.

암을 비롯해서 온갖 질병은 점차 인간의 힘으로 통제 가능해지므로, 오래 살면서도 건강한 것이 당연하게 여겨질 것이다.

쌀을 생산하기 위해 땅으로 달려가는 대신, 사람들은 공기 중 이산화탄소를 미생물에 불어넣어서 밀가루를 얻을 것이다. 전염병이 발생하면, 질병관리센터에서 보내준 유전자 정보로 각 가정에서 백신을 자가생산해서 사용할 것이다. 날숨이나 땀 혹은 손가락을 살짝 찔러 낸 피 한 방울만 가지고 암을 비롯해서 고혈압, 당뇨, 인지장애 등 치명적인 성인병의 발병확률을 즉시 진단할 것이다.

꿈같이 생각하던 이 모든 변화는 생물학을 비롯해서 유전공학, 분자생물학, 신소재 혁명, 인공지능의 발달, 뇌신경모방 반도체, 인공지능, 화학공학 등이 융합하여 생물학적 생명 현상을 공학적으로 재현하는 합성생물학의 발전으로 모두 다 가시권에 들어왔다.

과학자들은 화학공장의 절반 이상이 이같이 합성생물학을 이용해서 '바이오화학공장'으로 변신할 것으로 확신한다.

기술의 패러다임은 근본적으로 변했다. 인간의 유전체는 '해독'하고 '발견'하는 것이었지만, 2020년을 기점으로 유전체는 사람이 '발명'하는 것이 되었다. 한 사람의 유전자 정보를 해독하는 시퀀싱 비용은 1억 달러에서 100달러 수준으로 줄었다. 유전자 합성기술도 100달러에서 0.1달러 수준으로 떨어졌다. 바이오화학물 상용화 시간은 2배 빨라지고 비용은 1/4로 줄어들었다. 생물학 실험의 효율은 10배로 늘어난다. 2020년부터 10년 동안 합성생물학 시장은 매년 28.4%가 늘어날 것이다.

자연의 발견을 넘어, 자연도 발명한다

과학은 오랫동안 자연에서 정말 중요한 과학적 진리를 '발견'해왔다. 특히 생물학 분야에서 발견은 가장 중요한 진리탐구의 방식이다. 그러나 생물학 관련 분야가 공학으로 바뀌면서 이제 과학자들은 자연에서 찾으려 하기보다, 직접 만들어서 사용한다. 그 과정에서 미생물을 이용한다. 이럴 때 미생물은 살아 있는 공장이 되는 것이다.

합성생물학은 공장을 짓는 대신, 미생물을 공장시설처럼 이용한다. 바이러스를 예방하는 백신을 제조하려면, 항원을 만들어야 하지만, 합성생물학은 항원을 만드는 데 시간이 많이 필요하지 않다.

만약 어떤 사람이 간암에 걸렸다고 하자. 인간 게놈을 합성해서 환자의 것과 똑같은 간을 만들어서 간 자체를 교체할 수 있다. 위암에 걸리면 암세포가 퍼진 부분을 절제하고 남은 위장으로 힘들게 사는 대신, 위를 새로 만들어 통째로 바꿔버린다. 장기가 필요하면 얼마든지 만들어서 바꿔 끼우는 것이다.

의학 치료의 기본적인 개념 자체가 바뀔 수 있다. 지구 환경을 혼란시키는 플라스틱 폐기물을 분해하려면 태워버리거나 매립하는 방법을 사용했지만, 미생물이 플라스틱을 분해할 것이다. 썩는 플라스틱의 등장으로 사람들은 부담 없이 플라스틱을 계속 사용할 수 있다.

엔지니어링으로 생물학을 다루려면, 생물학적 생명체를 규격화시켜야 한다. 생명체의 구성 성분을 표준화하고 세포 안의 유전자 정보를 표준화해야 한다. 이렇게 표준화된 생물학적 생명체의 '바이오 부품'을 이리저리 조립하고 끼워 맞추고, 형상을 만들어서 활용하는 것이 바로 합성생물학이다.

표준화된 바이오 부품을 가지고 자연계에 없는 것을 새로 만든다. 합성생물학을 '인공 합성생물학'이라고도 부른다.

엔지니어링이 되려면, 만들어진 것이 예측 가능해야 하고, 두 번째로 재현할 수 있어야 하고, 세 번째 원하는 기능이 효율 좋게 나와야 한다.

기후 온난화를 막기 위해 사람들은 화석연료의 사용을 줄여야 한다. 그렇다면 화석연료를 어떻게 줄일 수 있을까? 놓치기 쉬운 것은 화석연료를 사용하지 않더라도 석유화합물은 필요하다는 점이다. 석유는 자동차 연료로만 사용하지 않는다. 원유를 정제해서 얻은 휘발유와 등유는 자동차 연료로 쓰지만, 그 외 부산물로 플라스틱도 만들고 각종 소재와 부품의 재료를 만든다. 전기자동차가 휘발유를 넣는 자동차를 대신한다고 해도, 전기충전소는 필요하다. 그 충전소를 만드는 재료는 석유가 있어야 만든다. 다시 말해서 기후 온난화를 방지하기 위해 원유를 사용하지 않더라도 인간은 원유를 대신할 그 무엇이 필요하다. 합성생물학은 바로 이 원유를 미생물에서 만들어낸다.

카이스트 생명과학과의 조병관 교수는 “석유는 인류를 먹여 살리는 신이 주신 에너지”라고 말한다. 사람들은 석유가 있어야 전기를 만들 수 있다고 생각하기 쉽지만, 전기는 석유를 가지고 만들 수 있는 여러 가지 에너지 중 하나일 뿐이다.

생물학의 발전이 본격적으로 시작된 것은 1970년대이다. 과학자들은 DNA를 자르고 붙이고 순서를 바꾸는 유전공학을 발전시켰다. 이렇게 유전자를 만지면 세포의 성질이 바뀐다. 스탠포드 대학이 벌어들이는 로열티의 약 1/3은 바로 이 유전자 조작기술에 포함된 특허료에서 나온다. 그 뒤 생물학이 급격히 발전하면서 과학자들은 유전자를 조작하고 고쳐 쓰다가 워낙 복잡하다 보니 컴퓨터의 힘을 빌려 자동화했다. 여기에 인공지능이 다시 힘을 보탰다.

생물학적 생명체 안에는 다양한 바이오 부품이 있다. 이 바이오 부품이 작동하려면 스위치가 켜지거나 꺼지는 작동을 해야 한다. 서로 다른 이 유전자 스위치가 적재적소에서 완벽한 타이밍에 맞춰 조절하기 위해 다양한 바이오 부품이 제작된다. 스위치가 켜지면 그 바이오 부품이 가진 특징이 나타나고, 스위치가 꺼지면 나타나지 않는다.

예를 들어 금발인 사람이 머리카락을 검게 변하게 하고 싶다고 하자. 금발과 흑발 중 흑발이 우성이고 금발이 열성이다. 다시 말해서 머리카락의 색깔을 결정하는 비이오 부품의 스위치가 켜지면우성 머리카락은 검게 변하고, 꺼지면열성 금발로 변한다. 사람의 머리카락 색깔을 좌우하는 바이오 부품의 스위치를 켜면, 그 사람의 머리카락은 금발에서 흑발로 변한다.

인간의 게놈은 피부에 있는 것이나, 간에 있는 것이나, 위에 있는 것이 다 똑같다. 다만 피부세포에 있는 유전자를 조절하는 유전자 스위치가 켜지거나, 꺼지는 차이가 있을 뿐이다. 물론 아직까지는 이 유전자 스위치를 누가 켜고 누가 끄는지는 모른다.

사람들이 줄기세포가 만능이라고 말하는 것도 바로 이 유전자 스위치와 깊은 연관이 있다. 줄기세포는 아직 유전자 스위치가 달리지 않은 세포를 말한다. 이 줄기세포에 원하는 유전자 스위치를 달면, 그 줄기세포는 눈도 되고 위도 되고 원하는 장기로 변한다.

과학자들의 관심 사항은 그러므로 일단 달려 있는 유전자 스위치를 거꾸로 돌려서 줄기세포로 바꿔주는 일이다. 기존의 유전자 스위치를 변형해서 세포를 줄기세포로 바꿔주는 것을 역분화라고 한다. 생물학자들은 이 유전자 스위치 4개만 조절하면 역분화가 되는 것을 발견했다.

자동차 부품 대신 바이오 부품

그러므로 합성생물학에서 가장 중요한 것은 좋은 바이오 부품을 만드는 일이다. 바이오 부품은 DNA를 말한다. 좋은 DNA는 화학적으로 합성하므로 이 같은 바이오 학문을 모두 합쳐서 합성생물학이라고 부른다.

여러 개의 DNA를 연결하고 조립하고 붙이는 어셈블리 과정을 통해서 과학자들은 바이오 부품을 만든다. 이것이 가장 중요한 단계이다. 자동차 부품 산업이 튼튼하게 자리 잡아야 좋은 자동차를 완성하는 것과 같은 이치이다.

인공미생물을 예로 들어 설명하면, 아주 작은 바이오 부품을 만든 뒤 여러 가지 바이오 부품을 조립해서 자연상태에서는 존재하지 않은 인공미생물을 만들 수 있다. 이 인공미생물은 눈에 보이지 않는 아주 작은 미생물 공장과 같은 역할을 한다. 이 미생물 공장이 석유도 만들어내고, 이산화탄소와 결합해서 전분도 만들어내고, 의약품이나 신소재 및 식량이나 연료를 생산하는 것이다. 그러므로 엄청나게 큰 비용을 만든 화학 공장이 자연스럽게 바이오 미생물 공장으로 대체될 것이다.

원리는 이렇지만, 실제로 이 같은 엔지니어링을 거쳐 인간에게 필요한 물건을 생산하는 것이 그렇게 쉬운 일이 아니다. 게놈을 합성한 다음, 그것이 생물학적으로 살아 있는 세포가 되어야 하는데, 과학자들은 아직 어디가 출발점인지 잘 모른다. 세포 안에 있는 게놈이 살아 있는 인공세포가 되려면, 유전자 정보를 담아 줄 껍데기가 필요하다. 이 때문에 과학자들은 이미 존재하는 세포에서 유전자 정보를 없애고 새로 합성한 유전자 정보를 집어넣는다. 동물의 세포 껍데기에 인간의 유전자 정보를 이식하는 연구가 그래서 나왔다.

가축 없이도 고기를 먹는다

합성생물학으로 제조하는 것 중 하나는 배양육이 있다. 가축을 키운 뒤 도축해서 고기를 얻는 대신, 식물 단백질로 고기 모양을 만들어서 고기 대신 먹는다. 배양육과 실제 고기와의 가장 큰 차이는 동물의 피 안에 들어있는 헤모글로빈을 구성하는 헴heme이라는 화합물이다. 헴 안에 있는 철분 성분이 있어야 고기 맛이 제대로 난다. 그래서 콩고기를 만든 다음 그 안에 헴을 넣어줘서 고기 맛을 살린다. 또 다른 방법으로 소 세포를 배양해서 만든 배양 소고기를 제조할 때는 시럼이라는 인공 혈액을 사용한다.

그런데 세포를 배양해도 진짜 소고기와 같은 모양을 가지려면, 근육과 같은 틀이 필요하다. 콜라겐 기름으로 소고기와 같은 틀을 만들어서 육안으로도 실제 소고기와 같게 만들어 준다.

인간의 몸속 내장에는 인간에게 이로운 장내 미생물도 적지 않다. 장내 미생물 중 좋은 미생물을 꺼내 합성생물학으로 조작해서 장을 튼튼하게 바꿔준다. 예를 들어 과민성대장증후군이 있는 사람에게 치료 기능을 가진 좋은 미생물을 먹이면, 좋은 미생물이 대장에서 출혈을 일으키는 부위를 치료하는 물질이 나오도록 유전자 스위치가 켜지게 한다.

농작물 수확 확대에도 이용된다. 곡물 수확량을 크게 늘리는 데 가장 많이 기여한 것은 질소비료이다. 질소비료의 등장으로 인류는 기아에서 해결될 만큼 높은 곡물 수확량을 기록했다. 그런데 질소비료는 화학적으로 합성하기 때문에 생태계를 파손하는 부작용이 있다. 질소비료를 내는 미생물로 대체하면 환경오염을 방지하면서 높은 수확량 유지가 가능하다.

논이 아니라 공장에서 쌀을 생산한다?

합성생물학의 중요한 연구 분야 중 하나는 인공광합성이다. 광합성 효율을 약간만 높여줘도 쌀이나 밀 같은 곡물 사용량이 크게 늘어날 것이다.

공기 중 이산화탄소를 먹어 치우는 미생물을 이용해서 곡물을 생산하는 방안도 미래에는 가시권에 들어올 것이다. 그런데 미생물 자체는 일종의 단백질이다.

이 미생물을 이산화탄소로 배양하면 식량을 생산할 수 있다. 이 미생물에게 유전자 정보를 조작하면 닭가슴살도 만들고, 쌀이나 밀도 생산하는 것이다.

미생물이 들어있는 반응기 바깥에 바깥 공기를 빨아들이는 펌프를 설치해서 공기를 불어 넣으면 그 미생물이 이산화탄소를 먹고 자라서 쌀이나 빵의 주요한 성분인 녹말을 낳아준다.

놀랍게도 미생물 중에는 전기를 만들어내는 것도 있다. 공기만 있으면 미생물이 전기를 생산하기 때문에 가정에서 전등도 켜고 냉난방도 가능하다.

이렇게 꿈같은 일이 점점 현실로 다가온다. 과학자들은 오늘도 이 꿈같은 미생물의 세계를 실험실에서 우리 안방으로 끌어들이기 위해 분초를 아껴가면서 연구실을 지키는 것이다.

1000년을 이어 온 꿈의 실현

에너지 혁명의 실마리를 찾다

카이스트 설립 50주년이 끝나갈 즈음, 레이저를 이용해서 1억℃까지 온도를 올리는 것을 방해하는 장애물을 극복하는 원리가 발견된다. 이 장애물을 극복하면서, 레이저가 기반이 되는 발전소를 지을 수 있는 길이 열렸다.

카이스트 설립 50주년에 나타난 이 뜻밖의 손님은 그 뒤 50년이 지나면서 수많은 공학자와 기술자들의 노력이 합쳐지면서 카이스트 설립 100년이 되는 2071년에는 인류에게 새로운 희망을 안겨줄 것이다. 원자력 발전소를 이어갈 첨단 '레이저 핵융합 발전소'가 등장하는 것이다.

'레이저 핵융합 발전소'는 역사상 가장 위대한 과학자로는 뉴턴과 거의 같은 수준의 물리학자인 아인슈타인이 20세기 초반 발견한 첫 번째 과학적 진리와 두 번째 과학적 진리가 만나 인류의 눈앞에 실현되는 위대한 성취의 열매로 기록될 것이다.

인류문명의 발달은 에너지의 발달과 함께한다. 인류가 기초적인 에너지인 불을 발견하고 다룰 줄 알게 되면서 기술이 발전하기 시작했다. 인류의 역사는 수백만 년에 걸친 불의 역사, 에너지 획득에 관한 기술개발의 역사이다.

불은 양면성을 가지고 있다. 생명을 해치는 무기로 사용하거나, 생명을 보호하고 번영하게 하는 이로운 수단으로 사용될 수 있다. 불을 무기로 쓰든지, 이로운 수단으로 쓰든지 하는 선택은 인간이 책임져야 할 부분이다.

20세기 인류가 발견한 가장 중요한 불은 원자력 발전이다. 원자력 발전이라는 불을 피우는 기술을 확보하느냐 마느냐 하는 것이 20세기 후반 모든 국가의 흥망성쇠를 좌우하는 핵심 열쇠였다. 카이스트 역시 이 수백만 년에 걸친 도도한 불의 역사에서 몇 가지 획기적인 자취를 남겼다. 가장 뚜렷한 자취는 원자력 발전소 기술개발에 필요한 핵심 인력을 양성하고, 기초적인 개념을 대한민국에 민들레 씨앗처럼 퍼트린 것이다.

20세기 들어 물리학자들은 새로운 문명의 탄생을 알리는 중요한 한 원리를 발견한다. 질량이 곧 에너지라는 아인슈타인의 공식 $E=mc^2$이다. 1905년에 발견된 이 공식은 그러나 불행히도 사람을 살상하는 무기를 만드는 데 먼저 사용됐다. 나치 독일이 전 세계를 광기로 장악하려 한다는 두려움에서 개발된 원자폭탄은 나치 독일군을 대상으로 사용하는 대신, 마지막 발악을 하는 일본 제국주의 본국에 먼저 투하됐다.

가장 위대한 불을 가장 잔혹한 목적에 사용한 것에 대한 양심의 소리에 귀를 기울여서, 2차 대전의 영웅으로 미국 대통령에 선출된

아이젠하워는 '원자력의 평화적 이용'을 선언하고, 원자폭탄의 원리를 원자력 발전에 이용하는 결단을 내린 역사적 사실은 이미 잘 알려져 있다.

이 도도한 역사의 흐름에 대한민국은 슬기롭게 동참했다. 대한민국은 미국기업을 통해 원자력 발전소를 통째로 들여왔지만, 에너지 자립을 이룩하자는 국가적인 부름에 부응하여 카이스트는 용감하게 나섰다. 거대 과학인 원자력 발전 기술 및 건설에 있어서 현재 우리나라가 세계 최고 수준에 올라가기까지 행정가, 정치인, 과학자, 기업 등 다양한 분야에서 수많은 사람의 헌신적인 노력이 있었다. 그 기다란 고리 중에서 원천 역할을 한 카이스트가 없었다면, 에너지 자립 기술개발 체인은 완성되지 못했을 것이다.

20세기 불을 밝혔던 카이스트

원자력 발전소 건설은 거대한 프로젝트이면서 복잡한 국제관계가 얽혀있기 때문에 한두 사람의 노력과 정성으로 이뤄지지 않는다. 원자력이라는 새로운 불을 다루는 기술개발에 간여한 자랑스러운 영웅들의 무용담이 관계된 사람들 사이에 전설처럼 떠다닌다. 이 수십 명의 영웅적인 리더들은 과학자, 행정가, 공무원, 기업 CEO, 정치가 등에 골고루 퍼져 있다. 그 리더를 믿고 따른 수백 명의 과학자, 공무원, 직원들 그리고 성실하게 주어진 임무를 수행한 수천 명의 사람들의 헌신적인 땀과 투쟁이 있었다.

이 영웅 같은 릴레이에서 서너 번째 주자로 나선 것이 바로 카이스트이다. 원자력공학과 장순흥 교수는 고등학생 시절 나무가 없는 인왕산을 보면서 우리나라 에너지를 자립해야겠다고 굳게 결심한다. 28세의 젊은 나이에 카이스트 교수가 된 장순흥 박사는 '원자력발전소를 무조건 국산화하라'는 전두환 대통령의 엄명을 받은 한필순 원자력연구소 소장에게, 미국 대학과 기업에서 직접 배운 연구개발 및 건설의 기본적인 방법을 알려줬다. 추진력 있는 연구소장은 젊은 카이스트 교수의 코치를 순수하게 밀어붙였다.

원자력발전기술을 확보하기 위해 카이스트는 원자력연구소의 연구원을 가르치는 학연과정을 시작했다. 1982년 9월, 장순흥은 학연과정의 첫 번째 강의를 원자력연구소에서 가졌다. 첫 강의시간에 예닐곱 명의 연구원들이 모였다. 그중에는 국방과학연구소ADD에서 원자력연구원으로 파견 나왔다가 후에 원자력연구원 원장이 된 한필순 박사도 있었다. 첫 번째 수업부터 장순흥은 원자력 발전소의 국산화 기술 확보를 꺼냈다.

28살의 패기 있는 미국 박사의 첫 번째 수업은 강렬했다. 도무지 쳐다보기도 어려울 것 같은 원자력 발전소 기술을 우리도 확보할 수 있다는 자신감을 심어준 내용이었다. 첫 수업이 끝났다. 장순흥과 한필순은 구내식당에서 점심식사를 하면서 의기투합했다.

연구소장은 실질적인 기술개발의 책임자로 연구소 내 젊은 피에 속하는 이병령 박사를 지목했다. 독립운동의 후손인 이병령 박사는 원자력 건설 기술의 노하우가 흘러나가는 것을 우려한 미국기업의 로비를 과감하게 뿌리쳤다.

과학사의 관점에서 보면 물리학자들이 발견한 '질량이 곧 에너지'

라는 이 위대한 진리는 먼저 무기로 사용됐지만, 대한민국은 이 진리를 평화적인 수단으로 사용하는 데 크게 기여했으며 그 핵심에 카이스트가 자리를 잡았다.

앞으로도 마찬가지가 될 것이다. 세계를 지배하고 싶은 욕망에 사로잡힌 지도자나 국가는 새로운 과학적 진리가 나타날 때마다, 그 진리를 이용해서 세계 지배력을 확보하려는 수단으로 삼으려 할 것이다. 그럴 때마다 카이스트는 그 과학적 진리가 인류의 행복과 문명의 발전에 이용되도록 나서야 한다.

핵무기 경쟁을 종식시킨 아인슈타인 제2법칙

물리학의 과학적 진리가 원자폭탄에 먼저 이용되도록 분위기를 조성한 것은 나치 독일이었지만, 그 이후 온 인류를 모두 다 멸절시킬 만큼 가공할 핵무기를 비축하도록 유도한 미친MAD, mutual assured destruction 무기 경쟁을 유도한 것은 미국과 구소련 사이의 냉전cold war이다.

세계의 주도권을 놓고 벌인 이 살벌한 냉전을 종식시킨 결정적인 한 방에도 역시 과학적 진리가 핵심으로 등장한다. 카이스트 물리학과의 공홍진 교수는 '너 죽이고 나도 죽는다'는 상호확증파괴MAD를 종식시킨 결정적인 한 방을 날린 인물로 미국의 로널드 레이건 대통령을 꼽는다. 벌써 아련한 옛 기억으로 남은 것 같지만, 레이건 대통령은 1983년 3월 23일 소련이 미국을 향해 발사하는 모든 핵무기를 공중에서 요격하여 무력화시킨다는 SDI 계획, 일명 스타워즈 방위계획을 발표했다.

SDIStrategic Defense Initiative 계획의 핵심은 레이저 및 입자빔 무기였다. 빛을 고농도로 농축하여 모든 쇠를 녹여 버리는 레이저 무기는 빛의 속도로 소련이 미국을 향해 발사하는 무시무시한 핵무기인 대륙간탄도미사일ICBM을 공중분해시킬 것이다. 냉전 동안 고된 군비경쟁을 벌이면서 지친 소련은 레이건 대통령이 주장한 스타워즈 계획에 대한 대응방안을 좀처럼 찾지 못한 채 끙끙 앓고 있었다는 사실이 기밀 해제된 자료를 통해 드러났다. 어쨌거나, 소련은 붕괴되고 냉전은 종식되었으며, 미국의 SDI 계획은 1994년에 폐기됐다. 스타워즈 계획을 이룩할 만큼 과학기술이 충분히 성숙하지 않았다는 보고서가 중요한 역할을 했다.

이 과정에서 소련을 이어 등장한 러시아와 미국은 핵무기 감축협상을 벌였으며, 핵무기 실험을 제한하는 협정도 맺었다. 한참 뻗어나가던 미국의 레이저 무기 연구는 이 분위기를 타고, 수소폭탄을 개발하는 데 필요한 레이저 핵융합의 가능성을 타진하는 쪽으로 변경된다.

역사는 반복하면서 발전한다. 기억은 미래를 향하기 때문에 인류가 과거에 공통적으로 경험한 그 사건은 미래를 구성하는 필수적인 재료이다.

인간의 에너지 미래를 상상하는 데 있어서, 원자폭탄과 원자력발전소의 기억은 결정적인 재료가 될 것이다.

미소 냉전을 무너뜨린 결정적인 한 방인 레이저 무기의 과학적 진리를 인류에게 제공한 과학자 역시 놀랍게도 아인슈타인이다. 아인슈타인이 발견한 두 번째 과학적 진리는 빛의 속성에 관한 것이다.

아인슈타인은 원자가 흥분된 상태에서 외부에서 공명된 광자에 의하여 정상 상태로 변할 때 증폭된 빛이 나온다는 아인슈타인 제2법칙을 발견했다. 이렇게 만든 빛을 한군데로 모은 것이 메이저maser로서, 이를 1953년에 발견한 찰스 하드 타운스Charles Hard Townes, 니콜라이 겐나디예비치 바소프Nikolay Gennadiyevich Basov, 알렉산드르 미하일로비치 프로호로프Aleksandr Mikhaylovich Prokhorov는 불과 9년 뒤인 1964년에 노벨물리학상을 수상한다. 이 메이저의 원리를 응용해서 1960년 처음 나온 것이 레이저laser이다.

인류는 '질량이 곧 에너지'라는 아인슈타인이 발견한 과학적 진리의 첫 번째 응용문제에서는 쓰라린 시행착오를 경험했다. 인류는, 아니 과학자들은 우라늄 질량을 사용하여 인간을 이롭게 하기보다 인간을 파괴하는 무기를 만드는 쓰라린 실수를 한 다음에야, 정신을 차리고 우라늄 질량을 인간에게 도움을 주는 전기를 생산하는 원자력 발전소 개발에 적용한 것이다.

아인슈타인의 두 번째 주요 업적도 같은 운명에 처할 수 있었다. '흥분한 원자가 외부의 공명된 광자에 의하여 자극을 받아서 기저 상태로 돌아올 때 빛이 증폭된다'는 위대한 발견은 메이저 개발과 레이저 개발로 현실이 되었다. 스타워즈 계획의 핵심은 아인슈타인의 과학적 진리가 구현된 레이저 광선을 엄청나게 증폭시켜 쇠도 녹이는 강렬한 불의 화살로 만든다는 것이다. 미국 과학자들은 $E=mc^2$이 원자폭탄 개발로 이어졌듯이, 아인슈타인의 원리를 응용한 레이저도 쉽게 무기로 구현될 것이라 믿었으며, 소련은 이 미완성의 믿음에 굴복했다.

그러나 역사를 움직이는 절대자가 이번에는 이 과학적 진리가 또 다시 대량 살상 무기로 이용되는 길은 허용하지 않았다. 미사일을 요격할 만큼 충분히 강력한 레이저는 아직 개발되지 않았다.

레이저, 무기보다 에너지 생산에 이용해야

그렇다면, 원자폭탄을 먼저 만들어 살상에 이용한 시행착오를 경험한 인류는 이번에는 레이저를 가지고는 평화적 이용에 먼저 이용할 수 있을까? 이 중차대한 역사적인 선택의 기로에서 다시 한번 카이스트는 운명적인 자리에 놓이게 된다.

문명의 평화적인 발전을 염원하는 과학자들은 아인슈타인의 두 번째 원리가 구현된 레이저를 평화적으로 이용하는 기반을 하나씩 다져가고 있었다. 약한 레이저를 한곳에 모아 거대한 묶음으로 모아주는 방법이 발견되고, 한곳에 모인 레이저 묶음이 서로 충돌을 일으키지 않도록 가지런히 사이좋게 힘을 합치는 기술이 나타났다. 이 레이저 광선 묶음을 효과적으로 증폭하는 방법도 나왔다. 그리고 마침내 증폭된 레이저 광선을 여러 개 묶을 때 나타나는 부작용도 제거하는 방법이 발견됐다.

사람들의 큰 관심을 끌지는 못했지만, 과학자들이 한 걸음씩 걸음을 디딜 때마다 인류를 인도할 희망의 빛을 차단하고 있던 가림막이 제거됐다. 고출력 레이저 광선을 원하는 개수대로 모으고, 묶고, 증폭하고, 살살 달래서 핵융합 타겟의 온도를 1억℃로 올리면

나머지는 공학적으로 쉽게 해결된다.

원자력 발전과 레이저 핵융합 발전은 크게 두 가지 부분에서 차이가 난다. 원자력 발전은 핵이 '분열'되는 과정에서 나오는 엄청난 에너지를 이용한다. 레이저 핵융합 발전은 핵이 '결합'하는 과정에서 나오는 엄청난 에너지를 이용한다.

두 번째 차이로 원자력 발전소가 $E=mc^2$의 공식에 들어가는 '질량'을 우라늄으로 사용하는 대신, 레이저 핵융합 발전은 '질량'으로 우라늄보다 훨씬 얻기 쉬우며 폐기물도 거의 제로0 수준으로 배출하는 중수소-삼중수소를 사용한다. 중수소-삼중수소는 바닷물에 엄청나게 녹아있기 때문에 원료 걱정은 전혀 하지 않아도 된다. 그러나 삼중수소는 반감기가 10년으로 매우 짧기는 하지만 방사성 물질이다. 기술이 더 발전하면 방사능이 전혀 없는 중수소-중수소로 핵융합을 할 수 있게 될 것이며, 이때에는 방사능 오염이 전혀 없는 완전무결한 꿈의 에너지가 될 것이다.

이 엄청난 변화의 출발점에서 인류는 엄중한 선택을 내려야 한다. 핵분열의 과학적 진리는 먼저 원자폭탄이라는 무기를 만드는 데 사용돼 수십만 명의 목숨을 빼앗아 갔다.

레이저 핵융합의 과학적 진리를 이용해서는 아직까지는 치명적인 무기가 나오지는 않았다. 이제 카이스트의 과학자들에 의해 레이저 핵융합의 견고한 문이 열리려는 시점에서 인류는 또다시 한번 중대한 선택을 해야 한다. 가공할 에너지를 과연 무기로 사용하는 것을 서로 용납할 것이냐 하는 선택이다.

과학적 진리의 가공할 위력을 깨달은 과학자들은 결국은 세계 지도자들을 설득하는 자리에 서야 할 것이다. 평화를 염원하는 전 세계 과학자들은 국적을 떠나 연대를 이룩해야 한다. 그 세계 과학자 연대는 정치가와 국민을 설득해서, 과학적 진리가 무기로 개발되는 길을 막을 것이다. 세계 과학자 연대는 앞으로도 계속 나오는 과학적 진리가 파괴적인 재앙에 응용되는 것에 대응할 방안을 모색할 것이다.

상상이 현실과 만날 때

과학기술이 전망하는 미래는 아름답고 평화롭다. 더 이상 인류는 전기 공급을 걱정하지 않아도 된다. 에너지 생산 비율이 급속히 떨어지면서, 제조업 단가는 크게 낮아지고, 역사상 누구도 꿈꾸기 어려웠던 물질적 풍요가 시작될 것이다. 지구 환경을 파괴하는 폐기물도 강력한 에너지를 가진 열에 의해 순식간에 분해할 것이다.

창고에는 먹을 것이 가득하고, 물건은 부족하지 않다. 사람의 신체가 고장 나면 자동차 수리하듯 장기를 갈아 끼우고, 세포를 치료하면서, 근본 원인이 되는 유전자를 고칠 것이다. 인간은 건강하게 오래 사는 길이 열릴 것이다. 사람의 노동은 점점 더 줄어들 것이다.

그러나 그것이 다가 아니다. 과학기술이 인간에게 어떤 영향을 미치느냐 하는 것은 여전히 사람에게 달린 선택에 따라 달라진다.

불행히도 인류는 기술과 과학을 서로 돕기보다, 경쟁하고 싸우고 세력을 다투고 상대방을 무력으로 복종시켜 종으로 만드는 무기로 더 먼저 사용하는 비극의 역사에 대한 기억이 더 선명하다. 앞으로도 마찬가지이다.

과학적 진리는 인류에게 이렇게 말하고 있다.

네 앞에 멸망과 번영이, 빛과 어둠이, 죽음과 생명이 놓여 있는데, 너는 과연 무엇을 선택하겠느냐고.

세계로 나아가려는 카이스트는 이 선택을 피할 수 없다.

그 선택의 기준으로 삼을 만한 고전古典은 이렇게 말한다.

칼을 두들겨 보습을, 창을 두들겨 낫을 만들라

카이스트가 주도할 50년 뒤 50가지 상상

1. 카이스트 캠퍼스가 뉴욕, 실리콘밸리를 포함해서 유럽, 아프리카, 중동, 중앙아시아, 중국 및 동남아시아 10여 개 국가에 설립될 것이다.
2. 두 자리 숫자의 노벨상 수상자가 나올 것이다.
3. 카이스트는 더 이상 대한민국만의 기관이 아니므로 명칭이 바뀔 것이다.
4. 카이스트 학생 중 한국에서 태어난 한국인 비율은 50%에 머무를 것이다.
5. 카이스트는 세계 최고의 SF 및 문화콘텐츠의 중심지가 될 것이다.
6. 한국과학기술원법이 개정될 것이다.
7. 카이스트 연구실은 대부분 무인 전자동화될 것이다. 대학원 학생들이 실험 설계 내용을 키오스크에 입력하면, 전자동화 실험 기계가 밤새 진행한 실험결과를 이메일로 대학원생에게 전송한다. 대학원생은 결과보고서를 보며 자신의 설계가 맞는지 틀렸는지 확인한다. 실험이 진행되는 동안 대학원 학생들은 더욱 창의적인 생각에 몰두할 수 있다.

8. 카이스트 환경 문제나 인권, 사회 문제에도 깊은 관심을 가지고 행동하는 학교가 되었을 것이다.
9. 정년을 넘긴 과학자들이 '과학연금' 비용으로 진리를 탐구하는 평생연구소가 나타날 것이다.
10. 세계인을 위한 과학기술 교육 국제플랫폼이 만들어질 것이다. 과학기술 교육 플랫폼은 새로운 문화콘텐츠를 생성하는 바탕이 될 것이다.
11. 모든 국민을 대상으로 하는 무상 과학기술 평생 교육 프로그램이 실시될 것이다.
12. 핵융합발전이 상용화되면서 에너지 혁명이 일어날 것이다.
13. 레이저 무기가 상용화되면서 공중에 뜬 무기는 순식간에 녹아버리므로 재래식 지상 전투가 중요한 전쟁수단으로 부각될 것이다.
14. 구름 위에서 태양광 발전을 한 다음 에너지를 파장으로 바꿔 우주 공간에서 전파를 쏘아 전깃줄이나 보조 수단 없이 무선으로 지구에 직접 에너지를 공급할 것이다.
15. 인공광합성 기술이 완성되어 이산화탄소로부터 플라스틱 등 소재를 생산할 수 있게 되고 화석에너지 의존도가 완전히 해결된다.
16. 20개 국가 스타일로 치장한 카이스트 구내식당은 30개의 카페형 식당으로 꾸며져, 장수 생활에 필요한 신진대사와 식생활을 연구하는 '약식동원藥食同源 연구소'가 될 것이다.
17. 세포치료법이 일반화되면서 아프기 전에 세포 수준에서 예방치료하므로 인간은 건강하게 오래 살 것이다.

18. 사망원인 중 암이 차지하는 비율이 10% 이내로 떨어질 것이다.
19. 전파력이 강한 신종 바이러스가 출현해도 이를 신속히 진단하는 범용 진단키트와 백신이 일주일 안으로 만들어질 것이다.
20. AI 기반 신약개발을 통해 10종 이상의 블록버스터 신약이 나올 것이다. 여기에서 블록버스터 약이란 1년에 1조 개 이상 팔리는 약이다.
21. 고장 나거나 오래돼서 수명이 다한 장기를 바꿔 끼우는 치료법이 급속히 보급될 것이다.
22. 자신의 세포를 만능 줄기세포로 바꿔서 파킨슨 질병 같은 인지 장애 질환을 고치는 치료법이 널리 보급될 것이다.
23. 림프 관련 질병 치료가 획기적으로 발전할 것이다.
24. 패혈증 치료법이 나올 것이다.
25. 개인맞춤형 치료법이 가정에까지 보급될 것이다.
26. 주민의 절반 이상은 '셀프 라이프 로그'를 보유할 것이다. 한 사람의 일상생활과 습관, 좋아하는 음식, 잠자고 깨는 시간, 대소변 기록, 대화 내용 등을 담은 '셀프 라이프 로그'는 자신만이 보유하고 있다가 병원에 갈 때 제출해서 개인맞춤형 치료에 응용될 것이다.
27. 여성들은 10대 후반에 자신의 난자를 채취해서 보관했다가 원하는 시기에 자녀를 낳을 것이다.
28. 신혼여행은 우주 호텔로 다녀올 것이다.
29. 어떤 사람의 법적 지위를 대신하는 '인감 로봇'이 나타날 것이다. '인감 로봇'은 인간을 대신해서 계약서를 작성하고, 회사를

출퇴근하고, 해외여행을 할 것이다.

30. 반려동물을 도와주는 반려 로봇이 자동차 숫자만큼 많아질 것이다.
31. 동물의 심리적 특성을 정확히 이해한 다음 이를 IT NT BT에 연결해서 동물이 인간과 대화함으로써 동물은 인간의 진정한 반려자로 거듭날 것이다.
32. 로봇 군인이 GOP 초소를 지킬 것이다.
33. 인간의 청각, 시각, 촉각, 후각, 미각을 비롯해서 음악적 재능과 미술적 재능 및 무용적 재능을 통합적으로 계발하는 '공감각'이 골고루 발달한 '초문화인'이 나타날 것이다. 초문화인은 칸딘스키 같은 화가, 모차르트 같은 작곡가, 정경화 같은 연주가, 조수미 같은 성악가로서 재능을 발휘하는 것은 물론, 손흥민 같은 운동 실력, BTS 같은 춤 실력을 보유할 것이다.
34. 냄새를 맡을 수 있는 센서가 개발될 것이다.
35. 바람도 불고 냄새도 풍기는 5D 영화관이 나타난다.
36. 물질이 가진 방향성의 특징이 밝혀지면서 같은 소재로 만들어도 서로 기능이 정반대인 소재가 나타날 것이다.
37. 달과 화성에 카이스트 과학기지가 설치될 것이다.
38. 뇌파로 화성 우주여행을 다녀온다. 카이스트에서 뇌파를 담아낼 수 있는 양자 소재 및 소자를 발명하고, 이 뇌파를 먼 우주로 송수신하는 기술을 개발한다. 화성 우주 관광을 하고 싶으면, 내 몸이 직접 이동할 필요 없이 내 뇌파가 빛의 속도로 날아가서, 화성에 있는 신소재로 만든 아바타에 뇌파를 다운로드하

면 바로 화성 관광이 시작된다. 화성 관광이 끝나면 다시 양자 소재 및 소자 송신기로 뇌파를 지구로 송출, 자고 있는 내 몸에 다운로드하면, 실제로 내 몸이 직접 화성을 관광한 것과 똑같은 경험을 할 수 있다.

39. 달나라로 여행할 때는 뇌파 전송과 아바타 없이 직접 우주선을 타고 달 기지로 10시간 만에 도착한다. 달에서 입는 우주복은 얇고 투명하고 유연해서 산소를 체내에 공급해 주면서 온도와 압력을 조절하는 신소재로 만들어져 겉으로 보기에는 평상복을 입은 것 같이 보인다.
40. 사망한 할아버지, 할머니를 뵙고 싶으면 증강현실관에 가서 인공지능이 학습한 할아버지, 할머니의 언행 및 영상 데이터를 기반으로 해서 만든 아바타를 만나 산 사람과 대화하는 것처럼 이야기를 나누는 추모관이 생긴다.
41. 유튜브youtube의 한계를 확장한 위튜브wetube가 나타난다. 유튜브는 영상이나 소리 및 문자로 정보를 전달하지만, 위튜브는 촉각 미각 후각 지각 감정 같은 초감각도 전달할 것이다.
42. 사고의 편향성과 정보의 건강성을 자가 진단하는 편향성 검사 수단이 마련될 것이다. 검색하는 정보나 키워드 혹은 동영상 콘텐츠의 총합을 인공지능을 이용해서 다양한 관점으로 분석하면, 스스로의 편향성을 점검할 수 있다. 편향수치가 위험하거나 균형을 잃었을 경우, 이를 고쳐주는 편향성 수정 학교가 등장한다.
43. 사람의 심리 및 정신건강 상태를 스스로 진단하는 PSPsyche Self

지수가 보급될 것이다. 자신이 번아웃 상태임을 발견하면, 일을 줄이거나 주변 사람들에게 일을 줄여달라고 부탁함으로써 건강한 정신 상태를 유지하게 된다. 이 PS 지수를 존중하는 것이 사회생활의 새로운 에티켓으로 등장할 것이다.

44. 게임을 하면 정신이 맑아지는 정신치료용 게임이 생활화될 것이다.
45. 동물을 잡아먹는 대신, 인공 배양육이나 곤충을 섭취할 것이다.
46. 건강에 아주 중요하고 희귀한 전 세계 작물을 가정에서 직접 식물재배기로 길러 섭취할 것이다.
47. 모든 자동차는 스스로 움직이므로 자동차 면허증이 사라질 것이다.
48. 하늘을 날아다니는 3D 승용차가 상용화될 것이다.
49. 시속 50km 속도로 달리고 10m 높이의 점프력을 발휘하는 사이보그형 인간이 나타난다.
50. 하이퍼루프 열차가 상용화돼서 서울~부산은 30분, 서울~도쿄는 1시간에 도착하고, 생체인식으로 국경을 통과하므로 출입국 시간이 크게 줄어들 것이다.

KAIST
100년의 꿈

4장

학생들이 꿈꾸는 2071 KAIST

웹툰 수상작 'Mission KAIST'(글 · 그림 고고박) 중 한 장면. Mission KAIST는 외계인이 보낸 인공지능 스파이 로봇인 고양이 '나비'가 스파이 활동을 벌이다가 카이스트에 동화되어 카이스트 상징으로 눌러앉는다는 스토리이다.

KAIST 100년 비전에 대한 학생들의 의견을 수렴하기 위하여 '넙죽이의 꿈KAIST in 2071'이라는 제목으로 학생 공모전을 진행하였다. KAIST 100주년이 될 2071년의 세계와 우리나라의 변화에 따른 KAIST의 변화와 그를 준비할 전략 및 비전에 대하여 에세이, 영상, 웹툰 등 다양한 형식으로 모집했다. 이를 통해 KAIST 학생들이 다양한 방법으로 KAIST가 장기적으로 나아가야 할 방향성과 정체성을 심도 있게 고찰하고, KAIST 100년 비전 의견에 다양성을 부여할 수 있었다. 총 61명의 학생들이 개인 또는 3인 이상의 팀으로 지원하였으며, 예선 및 본선 심사를 통해 12개의 작품이 수상작으로 선정되었다. 본 보고서에서는 1개 최우수작과 3개 우수작과 웹툰 일부를 실었다.

최우수작	차유진	바이오 및 뇌공학과	네오 카이스트, 고국의 품 속에서 온 인류를 품으라
우수작	임태영	신소재공학과	혁신과 융합의 시작, 인공지능 '넙죽이' – 인공지능을 중심으로 생각한 카이스트 미래 50년 변화와 준비
우수작	Channah Donate van der Meeren	생명과학과	The future visions of KAIST; internationalization, globalization and mental health awareness.
우수작	이주안 권기훈 이건규	전산학부 전산학부 전기 및 전자공학부	〈2071〉 기술이 인간을 향하는 사회를 꿈꾸다

네오 카이스트, 고국의 품속에서 온 인류를 품으라

– 글: 바이오및뇌공학과 박사과정 **차유진**
– 삽화: **주신영**

방황하는 21학번 새내기, 2071년의 넙죽이를 만나다

오후 6시가 왔음을 알리는 까리용의 종소리가 빗방울을 뚫고 은은하게 울려 퍼졌다. 코로나19가 바꾸어 놓은 캠퍼스의 차분한 분위기도 봄 학기 기말고사를 앞두고 서서히 달구어져 갔다. 아마도 오래전부터 내려오던 '꺼지지 않는 카이스트의 밤'이란 말이 바로 이 모습에서 나온 것 같다.

하지만 21학번 새내기 한세진은 카이스트에서의 삶이 쉽지 않았다. 작은 고등학교에서 선행 학습을 하지 못한 세진이에게 1학년 과정을 따라가기란 힘겨운 일이었다.

라디오 난청 지역에 살았던 어린 세진이는 책을 보며 직접 증폭기를 만들었다. 세진이 덕분에 어른들은 농사일을 하면서도 세상 소리를 들을 수 있게 되었다. 자신의 작은 도전에 사람들이 행복해하는 걸 보며 과학자의 꿈을 키웠다. 세진이는 '사람들이 행복한 삶을 누리는 세상을 만들고 싶다'는 포부로 입학사정관들을 감동시켰다. 하지만 세진이의 첫 중간고사 성적은 꼴찌에 가까웠고 세진이는 과학자가 될 수 있을지 자신감을 잃어갔다.

세진이는 힘들 때마다 들르는 오리 연못으로 향했다. 비를 맞던 거위 2마리가 달려와 그를 반겼다. 새끼였을 때 횡단보도를 건너다 사고를 당할 뻔했던 이들을 구해준 뒤로 그들은 친구가 된 것이었다. 세진이는 예쁜 거위라는 뜻의 아진鵝珍, 아린鵝潾이라는 이름도 지어주었다.

"얘들아… 난 어릴 때 하늘을 날고 싶었는데…. 너희는 무럭무럭 자라서 꼭 하늘을 날아봐."

거위들이 말을 알아듣기라도 한 듯 날개를 펄럭거릴 때 튀어 오른 물방울을 피하려고 세진이는 까리용으로 몸을 돌렸다. 그때였다. 까리용 종탑 아래에 편지 한 장이 눈에 띄었다.

…2021년의 카이스트 친구들 모두 안녕. 내가 누군지 알면 아마 깜짝 놀랄 거야. 나는 2071년 미래 카이스트의 넙죽이야. 50여 년 전 내가 태어났을 때 세련되지 않은 내 모습 때문에 버려질 뻔도 했었는데, 너희의 관심 덕분에 오늘까지도 사랑받는 카이스트의 마스코트로 성장할 수 있었어. 하지만 나는 더 이상 그림 속의 마스코트가 아니라 전자 일반 지능으로 다시 태어났어. 믿기지 않지? 2071년 네오 카이스트라 불리는 너희의 모교가 얼마나 발전했는지 재미있는 이야기를 꼭 들려주고 싶어. 내 이야기를 듣고 싶은 친구는 2071년으로 향하는 시간의 문으로 와줘.

50년 후의 카이스트 이야기를 들려주고 싶다는 2071년의 넙죽이. 세진이는 그 편지를 누군가의 장난으로 생각하고 주머니에 구겨 넣었다.

기숙사로 돌아온 세진이는 편지를 다시 찬찬히 읽어보았다. 미래의 전자 지능 넙죽이가 보낸 편지라니? 장난일 것 같지만 장난이 아닐 것도 같은 이 느낌은 뭐지? 이야기를 더 듣고 싶으면 2071년으로 향하는 시간의 문으로 오라니? 이 편지가 진짜 넙죽이가 보낸 것이라면 이 편지는 시간의 문을 찾아내라는 시험인가? 설마 거기…?

세진이는 늦은 밤 도서관 앞 장영실 동상으로 달려갔다. 장영실 동상 앞에 2070년대에 개봉예정인 타임캡슐이 매설되었다는 이야기가 떠올랐다. 시간의 문이라는 건 타임캡슐을 찾아오라는 암호가 아닐까…? 하지만 장영실 동상에는 어둠만 깔려있을 뿐이었다. 그러면 그렇지 하고 돌아가려는 그때 세진이를 부르는 소리가 들려왔다.

"세진아. 내가 편지를 보냈어. 찾아와줘서 고마워."

깜짝 놀라 뒤돌아보니 장영실 동상에 푸른빛의 넙죽이가 걸터앉아 있었다.

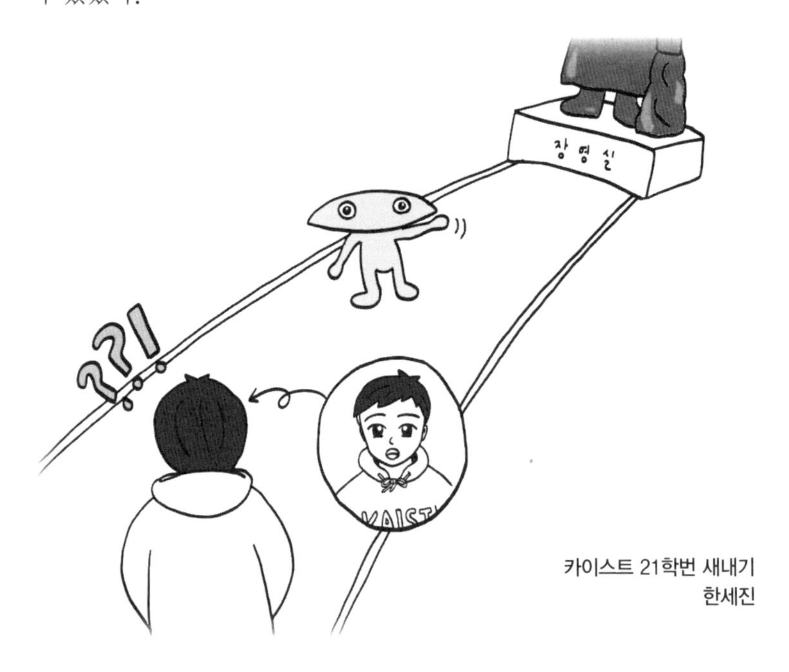

카이스트 21학번 새내기
한세진

인공지능의 새로운 암흑기와 넙죽이 프로젝트

"아니, 편지가 진짜였어? 네가 정말 미래의 넙죽이야? 뭐가 어떻게 된 거지?!"

"세진이는 와줄 거라고 생각했어. 여길 찾아낼 만큼 캠퍼스에 관심이 깊은 친구는 많지 않다구."

세진이는 헛것을 봤다는 생각에, 손가락을 깨물고 잔디밭을 뒹굴어 보았지만 꿈에서 깨지 않았다. 넙죽이는 홀로그램 같았지만, 물리적 공간과 상호작용하며 어떤 대화도 자유롭게 할 수 있었다.

"너 정말 사람 같은 미래의 인공지능이란 말이야? 마스코트가 대화도 할 수 있다니 너무 신기하다!"

"그럼! 카이스트는 머지않아 세계 최고의 인공지능 연구기관이 될 거야. 세계적인 인공지능 이벤트를 벌일 거거든."

세계적인 인공지능 이벤트? 알파고 이후 대중적인 인공지능 이벤트가 없던 와중에 카이스트 문화기술대학원에서 요리 레시피 생성 인공지능 '알파쿡'을 선보인 것이 시작이었다. 처음에는 누구도 알파쿡의 무서움을 알아차리지 못했다. 하지만 알파쿡과 일류 셰프가 겨루는 콘테스트를 보며 인류는 다시 충격에 휩싸였다. 임의로 준비된 재료로 세상에 없는 요리 레시피를 창조하는 콘테스트에서 알파쿡 요리가 블라인드 테스트에서 압도적인 점수를 받은 것이다.

"우와. 새 요리를 창조하는 게 얼마나 어려운데. 그게 정말 가능해?"

"좁은 범위의 문제해결 능력은 인공지능이 인간을 금방 따라잡게 돼. 하지만 2028년부터는 인공지능 연구가 다시 침체기를 맞이할 거야. 인공지능의 본질적인 목표를 잊어버린 거지."

최초의 인공지능 연구자들이 고민했던 사람처럼 생각하는 '일반

지능'의 구현에는 진보가 없었다. 진짜 '지능'보다 좁은 문제해결에 중점을 둔 연구 흐름에 대한 반성도 이어졌지만, 인공지능 연구는 새로운 암흑기를 피하지 못했다.

"사람의 뇌에서 힌트를 얻어 일반 지능을 만들어 보자는 아이디어[1]가 예전부터 있었어. 하지만 뇌 기반 인공지능은 너무 어려워서 주류 과학자들의 큰 관심을 받지는 못했어."

"…?"

"뇌에 대해 잘 모르기도 하고 결과도 당장 나오지 않으니까. 하지만 카이스트의 한 연구실은 달랐어. 일반 지능의 구현을 위해 오히려 뇌공학 융합연구에 집중했지. 일반 지능을 만드는 가장 빠른 방법은 두뇌의 계산적인 원리에서 힌트를 얻는 거라는 소신이 있었던 거야."

"남들이 가지 않는 길을 갔다구? 그래서 성공한 거니…?"

"아니, 완전 실패의 연속이었어. 수년간 연구를 해도 논문이 나오지도 않고, 회의를 느껴 연구실을 떠난 학생도 있었지. 교수는 포기하지 않았어. 우리가 아니어도 할 수 있는 연구보다는, 실패하더라도 세상을 바꾸는 연구를 하자는 거였지."

"의미 있는 실패는 적당한 성공보다도 훨씬 큰 자산이 된다는 걸 알고 있었구나?"

뇌 기반 인공지능 연구실의 이상안以上眼 교수팀은 2034년 마침내

1. Hassabis, Demis, et al. "Neuroscience-inspired artificial intelligence." Neuron 95.2 (2017): 245–258.

뇌 기반 인공지능의 선구자
이상안 교수

뇌의 일반 학습원리를 알고리즘으로 정립하여 일반 지능의 기틀을 확립했다. 연구실이 둥지를 튼 지 20년 만의 쾌거였다. 인공지능 연구는 새로운 르네상스를 맞이했고, 카이스트는 그 르네상스의 중심지로 또 한 번 도약하게 된 것이다.

"정말 멋지다. 자랑스러워!"

"그렇지? 하지만 이론이 실제로 구현되기까지는 시간이 더 걸렸어. 계산량이 너무 컸거든. 그때 이상안 교수의 한 제자가 넙죽이 프로젝트를 제안했어. 그림 속의 마스코트였던 나에게 뉴로모픽 양자 알고리즘으로 일반 지능 이론을 이식해 보자는 아이디어였지."

"그래도 쉽지 않았을 텐데?"

"맞아. 바이오및뇌공학과, 원자력양자공학과, 전자공학부 등등 무려 30여 군데의 연구실이 달라붙었지. 그리고 2035년에 나의 첫 모델이 탄생했어. 난 진화를 거듭해서 네오 카이스트의 상징이 되었구."

넙죽이의 목소리가 점점 높아지더니, 기쁨이 가득한 음성으로 소리쳤다.

"네오 카이스트? 넙죽아, 너무 궁금해."

"그래. 나랑 함께 2071년 네오 카이스트로 가보는 거야."

"정말?! 그치만…. 기말고사가 얼마 남지 않았는데…."

"걱정 마! 다시 여길 돌아올 땐 바로 지금 이 시간으로 돌아올 거야!"

세진이는 넙죽이 손을 잡았다. 장영실 동상 앞에 푸른 섬광과 함께 2071년으로 향하는 웜홀이 열렸다.

거대한 국제특별행정캠퍼스, 네오 카이스트!

세진이는 잠시 몽롱한 기분이 들었다가 정신을 차려 보니 장영실 동상이 그대로 시야에 들어왔다. '에이 뭐야?' 실망하려는 찰나에 고개를 돌리자 상상하지 못한 엄청난 광경이 시야에 들어왔다. 2071년 카이스트 캠퍼스. 장영실 동상은 그대로였지만 다른 모든 것이 새로웠다. 세련된 유리 광택이 어울리는 금속성 빌딩들이 캠퍼스의 곳곳을 차지하고 있었고 건물들은 구름다리 구조물로 서로 연결되어 있었다. 캠퍼스의 중심이었던 행정본관, 창의학습관, 정문술 빌딩이 있던 곳에는 3동의 초고층 빌딩이 삼각 편대로 하늘 높이 솟아 있었다. 그 주변 공간에는 드론 같은 자가용 비행체들이

제각기 목적지를 향해 날고 있었다.

"세진아 깜짝 놀랐지? 네오 카이스트에 온 걸 정말 환영해!"

"우와 정말 여기가 내가 알고 있던 그 유성구 구성동 카이스트가 맞아?"

"물론이야. 우린 2071년의 똑같은 공간으로 이동해 왔어. 하지만 지난 50년 동안 세상이 발전한 속도는 놀랍다고. 이곳의 주소는 더 이상 유성구 구성동이 아니야. 대신 국제특별행정캠퍼스 네오 카이스트라는 공식 주소를 가지고 있어."

"국제특별… 뭐라고? 그리고 건물들이 전부 구름다리로 연결되어 있잖아?"

"아아 천천히 설명해 줄게. 그리고 구름다리들은 지구온난화 때문에 만든 거야. 실외 온도와 습도가 너무 높은 날이 많아서 실내에서 캠퍼스를 이동할 수도 있어야 하거든."

"헉?"

2071년 카이스트는 더 이상 우리가 알고 있는 대학교나 연구소에 머무르는 기관이 아니었다. 카이스트와 대덕연구단지 일원은 '국제특별행정캠퍼스 네오 카이스트'라는 명칭의 특수한 행정구역으로 독립되었다. 한국 땅이지만 한국 국내법이 적용되지 않고 독자적인 법률이 적용되는 일종의 자치령自治領이 되어 있었다. 그리고 카이스트는 과학교육·연구기관이면서 동시에 이 특수한 행정구역의 중앙 정부 기관을 겸하고 있었다. 도대체 그간 무슨 일이 있었던 것일까?

"네오 카이스트는 한국의 일부지만, 자치법을 가진 독립된 실험 국가야. 다양한 국적의 사람들이 거주하면서 연구하고 기업을 하고 정치에도 참여하고 있어."

"실험 국가? 정치에도 참여한다고?"

"카이스트는 한국의 교육을 실험하고 산업과 연구를 연결하는 플랫폼 역할을 했었잖아. 네오 카이스트는 교육 플랫폼을 넘어 인류의 변화와 미래 사회 시스템 자체를 미리 실험하는 거대한 플랫폼 도시라고 생각하면 돼."

카이스트는 1971년 개교 당시부터 한국과학기술원법이 부여한 지위에 따라 단순한 학교가 아닌 교육 실험을 할 수 있는 거대한 플랫폼 기관이었고 무학과, 석좌교수 제도 등 선구적인 제도를 실험할 수 있었다. 플랫폼 카이스트는 한국의 대학 혁신을 선도했고, 수많은 국가가 카이스트를 벤치마킹했다.

그러나 2030년 이후 급격한 과학기술의 발전 속도를 인류 사회가 따라잡지 못하는 현상이 나타나기 시작했다. 인류 사회에 감당하지 못할 혼란이 지속되면서, 한국 정부는 미래 사회 시스템 자체를 실험하는 플랫폼이 필요하다는 인식을 하게 된다. 정책 연구와 입법 노력 끝에 헌법을 개정하여 2040년 카이스트 일대를 국제특별행정 캠퍼스로 지정하게 된 것이다.

가령 인간 수준 일반 인공지능의 인격권을 인정할 것인가에 관한 문제에 어느 사회도 답을 정하지 못하고 있을 때, 포스트 인공지능을 대비해 온 네오 카이스트는 자치법을 제정하여 일반 인공지능에 가장 먼저 법인격을 부여했다. 네오 카이스트에서는 일반 인공지능도 법인격의 주체로서 권리와 책임을 갖게 되었고 네오 카이스트에서 설립된 기업은 일반 인공지능을 책임과 권한을 가진 근로자로 사용할 수 있다. 이런 실험적인 사회 시스템은 네오 카이스트에서만 적용되므로 제도권 사회의 혼란을 방지하고, 네오 카이스트에서 성공한 시스템 실험은 다른 국가들이 벤치마킹하여 제도권으로 이식할 수 있게 되었다.

2071년 대한민국 헌법

제128조

국가와 인류 사회의 번영을 위한 과학기술을 진흥 및 보전하고 과학기술의 발전에 대비하는 사회 체계를 실증적으로 연구하기 위하여 국제특별행정캠퍼스 한국과학기술원(이하 "네오 카이스트"라 한다)을 둔다.

네오 카이스트의 지위와 권한 및 책임은 헌법이 위임한 법률과 국제조약에 의하여 보장된다.

네오 카이스트에는 자치법률을 그 밖의 국내법에 우선하여 적용한다.

끝없는 학문의 산실: 메타융합과학 그리고 인류 공학

세진이의 입가에는 미소가 가득했다. 2021년의 동선이 2차원 평면이었다면 2071년은 3차원 공간 전체가 이동 동선이었기에 캠퍼스 어디에서나 공유 드론으로 이동할 수 있다. 야외에는 여전히 녹지를 걸으며 아날로그 감성을 누리는 사람들도 보였다. 다양한 문화를 가진 다양한 인종의 사람들. 이들은 자신의 국적을 가지면서 동시에 카이스트에 소속된 동안은 네오 카이스트의 시민권을 갖는 시민이었다. 세진이는 2071년에는 물리적인 캠퍼스가 사라지지 않을까 생각한 적이 있었지만, 오히려 캠퍼스는 2021년보다 훨씬 북적였다. 하지만 높은 기온과 습도를 피해 지하 캠퍼스가 대규모로 발전했고 지하 캠퍼스에서 오히려 많은 사람을 만날 수 있다는 사실은 세진이의 예상과는 사뭇 다른 것이었다.

"넙죽아, 캠퍼스 가운데에 쌍둥이 빌딩은 뭐야?"

"네오 카이스트의 중추적인 곳이야. 행정 본관이 있던 곳에는 네오 카이스트의 중앙 정부 건물이 들어섰고, 창의학습관이 있던 곳에 있는 저 빌딩은 인류공학동이라고 해. 정문술 빌딩은 원래 융합과학을 연구하는 곳이었잖아? 그래서 그곳에 새로 지은 빌딩은 정문술메타융합동이라고 해."

"아하! 이제 알겠다. 인류 공학이랑 메타융합이 네오 카이스트의 핵심 키워드라는 뜻이구나. 그래서 캠퍼스의 중심에 두 건물이 우뚝 서 있는 거지?"

"맞아. 메타융합과학과 인류 공학은 지난 50년간 카이스트가 가장 열심히 개척해 온 분야거든."

메타융합과학 그리고 인류 공학은 2021년부터 50년간 카이스트의 역량을 쏟아부은 핵심 과학 정책이라고 할 수 있다. 많은 연구기관에서 융합과학을 외쳤지만, 대개 단순한 물리적인 융합연구를 넘어서지 못했다. 하지만 새로움이란 화학적 융합에서 출발한다고 생각한 카이스트는 과학적 방법 자체를 연구하는 메타과학적 접근을 융합에 접목했다. 4개 이상 학과에 동시 소속된 연구실 제도, 무학과 교수 제도를 도입하고 엉뚱한 상상 대회를 개최했다. 화학적 융합과학을 주류 연구 문화로 뿌리내릴 수 있도록 대규모 제도 실험을 진행한 것이다.

카이스트는 나아가 규모가 큰 장기 연구를 보호 육성하기 위해 인류 공학이라는 학술연구 시스템을 정의했다. 기후위기, 핵융합 등 인류의 삶을 바꿀 파급력이 있으면서도 초장기적으로 이어져야 할 연구를 발굴하고 보호했다. 최소 20년 이상 연구해야 결과를 얻을 수 있는 연구주제들이 인류 공학의 지원 대상으로 선정되었다. 연구자들은 단기간의 성과를 내기 어려운 연구에도 안정적으로 뛰어들 수 있게 된 것이다. 미래를 품는 인큐베이터라는 인류공학동에서 인류 공학은 꾸준히 성장하여 카이스트를 지구를 대표하는 과학기술원의 반열에 올려놓은 것이다.

물에 잠긴 여의도와 캠퍼스의 확장

네오 카이스트 캠퍼스를 거닐던 세진이는 높은 습도 탓에 다소 지친 모습이었다. 아마도 하늘을 뿌옇게 가리는 미세먼지로 인한 좁은 시야도 한몫했으리라. 넙죽이는 세진이를 지하 캠퍼스로 안내했다. 거대한 지하 공간 속에 지상의 야외 녹지를 옮겨놓은 듯 잔디밭과 수목이 가득했고 인공태양이라 불리는 조명이 지하 공간을 밝게 비추고 있었다. 항상 적절한 기온과 습도가 유지되어 휴양하기 좋은 공간이라고 했다.

"이런 지하 캠퍼스 상상하지 못했지? 여기가 지상보다 훨씬 쾌적할 거야."

"미래는 깨끗하고 살기 좋은 세상으로 발전할 거라 생각했는데…."

"세진아. 지금은 정말 지구가… 그리고 인류 모두가 큰 위기에 처해 있어."

2022년 이후 코로나19는 종식되는 듯했지만, 치명적 폐렴을 일으키는 새로운 바이러스들이 끊임없이 출현했다. 기후변화에 의한 바이러스 숙주의 서식환경 변화가 인간과 숙주의 접촉 가능성을 높인 것이 원인으로 지목되었지만 새로운 형태의 바이러스가 발생하는 원인은 설명하지 못했다. 그러던 2026년, 신종 바이러스의 출현이 기후변화와 직접 관계가 있다는 연구 결과가 발표되었다. 영구동토층이 녹으면서 수십만 년 동안 동면해 있던 고대 바이러스들이 대기층에 올라와 현생 바이러스들과 융합한 것이다. 2030년 세계는 막강한 전염병 앞에 무릎을 꿇고 경제 대공황에 빠져들었다.

2040년까지 지구 온도는 1.5℃가 상승할 것이라는 기후변화에 관한 정부 간 협의체IPCC의 예측을 뒤엎고[2] 2030년에 이미 대기 온도 2.1℃가 상승했다. 영구동토층이 녹으면서 뿜어져 나온 메탄가스가 지구온난화를 앞당긴다는 시나리오를 IPCC의 예측에 반영하지 못했던 것이다. 바다의 열팽창으로 2033년 해수면이 2m가량 상승했고 해양에 유입된 엄청난 수증기가 거대 태풍을 빈번하게 일으켰다. 한국도 그 영향을 피해갈 수 없었다. 인천공항은 잦은 침수 탓에 폐쇄를 고민해야 하는 지경에 이르렀다.

마침내 2071년 지구의 대기 온도는 2021년보다 6.1℃ 상승하여 여의도가 사라지고 한반도는 열대 지방이 되었다. 더 큰 문제는 기술 발전에도 불구하고 극심한 혼란과 함께 사회복지의 사각지대는 사라지지 않았다는 것이었다. 인류의 20%가 극한의 기후에 대응하지 못해 목숨을 잃었다.

"……." (넙죽이의 설명을 듣고는 충격에 휩싸여 말을 잇지 못한다.)

"인류에 이런 위기가 닥칠 거라는 걸 예측하고 카이스트는 대비를 해왔어. 인류공학도 그런 생각에서 시작되었던 거고. 기후변화가 돌이킬 수 없는 임계점을 넘었을 가능성을 대비해야 했던 거지."

"하… 정말 이런 상황은 생각하지도 못했어. 그래서 카이스트에

---

2. Iturbide, M. et al. (2021) Repository supporting the implementation of FAIR principles in the IPCC-WG1 Atlas.

서 대비했다는 건…?"

"공간공학이라는 분야를 개척했어. 인간의 삶이 존재할 수 있는 공간적 가치를 생각하지 못한 곳을 삶의 공간으로 개척하자는 아이디어였지. 너 카이스트에 캠퍼스가 몇 개나 있는 줄 혹시 아니?"

"음… 글쎄. 2021년에는 문지, 홍릉, 도곡… 이렇게 4개의 캠퍼스가 있었지 아마…?"

"놀라지 마. 지금은 카이스트에 무려 100개가 넘는 부속 캠퍼스가 있어."

지구온난화의 임계점을 넘었다는 사실을 알게 된 2040년, 카이스트는 지구온난화에 직접 대응하기 위한 획기적인 인류 과학을 연구했다. 대표적으로 카이스트 우주공학연구단의 주관으로 진행된 우주 태양광 발전 시스템이 있었다. 지구와 태양 사이에 거대한 태양전지판을 띄워서 생산된 전기에너지를 레이저로 지구에 전송하고 지구로 직접 입사하는 열에너지는 일부 차단할 수 있는 일종의 우산 역할을 하는 시스템이다.

하지만 카이스트는 지구의 파멸을 피할 수 없는 미래로 가정한 플랜B도 준비해 왔다. 그것은 인류가 살 수 있는 새로운 공간을 개척하자는 공간공학이었다. 해양의 공간 가치가 확장될 것임에 따라 2040년 부산 앞바다에 부유 도시를 건축하고 해상 캠퍼스를 설치한 것이 공간공학 프로젝트의 첫 번째 성과가 되었다. 해상 캠퍼스는 자급자족 가능성을 연구하고 시험하는 소형 도시공학 모델이기도 했다. 2050년에는 달과 화성의 지표에도 캠퍼스를 설치했다. 달 캠퍼스는 심우주 탐사의 전진 기지로서의 우주 공학을, 화성 캠퍼스는 인류의 이주 가능성을 대비한 행성 테라포밍을 연구했다. 꼭 사람이 상주하지 않더라도 연구와 경제활동이 일어난다면 캠퍼스라고 할 수 있지 않을까? 메타버스를 확장한 가상공간 캠퍼스까지 포함하면 미래 인류의 터전을 시험하는 캠퍼스의 범위는 초超공간에 이르고 있었다.

불로장생의 꿈을 현실로: 의사과학자

"넙죽아… 있지… 나 여기 오기 전에 비를 맞아서 그런지 감기에 걸린 거 같아…."

"그래? 코로나19 검사를 해보는 게 좋을 거 같아. 과학기술의학원에 가보자."

"윽윽, 코 안에 긁는 거 싫은데…. 과학기술의학원? 근데 왜 병원이라고 하지 않구?"

"불로장생은 인류의 가장 오래된 소망이잖아? 하지만 과학기술 없이는 불가능하다구."

파팔라도 클리닉 부지에 지어진 과학기술의학원은 40층 가까이 되어 보이는 고층 빌딩이었다. 세진이에게 의료봇이 다가와 날숨을 스캔한 뒤 극미량 분자들을 분석 후 유해 바이러스가 검출되지 않았다고 설명해 주었다. 비침습非侵襲 의료에 놀라움도 잠시 세진이는 뭔가 이상하다는 생각이 들었다. 아직 의사를 만나지 못했던 것이다. 인공지능이 발전하면 의사라는 직업이 사라진다고 하더니 정말 이 시대에는 의사가 사라진 걸까?

2021년 코로나19 위기를 겪으면서 카이스트는 한국의 새로운 50년의 먹거리를 창출하고 다가올 인류 보건위기를 대비하기 위해 가장 필요한 것은 의학과 과학을 화학적으로 융합하는 인재양성이라는 판단에 이른다. 의사이면서 과학자인 '의사과학자'를 양성하자는 것이었다. 정부와 국민을 어렵게 설득한 끝에 2024년 의사과학자를 직접 양성할 수 있는 카이스트 과학기술 의학전문대학원을 설립하기에 이른다.

의사과학자 양성 프로젝트의 성과는 단기간에 나타나지는 않았다. 프로젝트의 무용론이 제기되려 했던 2032년 무렵, 초강력 면역회피 호흡기 바이러스가 등장하며 세상이 다시 혼란에 빠져들었다. 이때 카이스트가 양성한 의사과학자들이 나노공학 기반 항체 생성 시스템 생물학 시뮬레이션으로 백신 물질을 찾아내면서 상황이 극적으로 역전되기 시작했다. 이들은 인공지능, 재료공학, 원자력공학 등 인접 공학과의 화학적 융합연구로 존재하지 않는 미존未存 의료기술을 개척하고 난치병의 알려지지 않은 병리 메커니즘을 밝혀냈다. 의학원 지하에는 의사과학자들이 개발한 레이저 기반 의료용 초超중입자가속기가 설치되어 있었다.

"중입자가속기라면 운동장보다도 큰 장치로 아는데 이렇게 엄청 작게 만들 수 있구나."

"크기가 작아야 의료용으로 사용할 수 있지! 이제 암이나 치매 같은 질병은 수술하지 않고 이 가속기로 치료할 수 있어."

이들의 활약은 의료기술과 지식의 개척에 그치지 않았다. 2035년 이후 의사의 지식이 더 이상 인공지능을 능가할 수 없는 세상이 도래했을 때, 의사의 역할은 의료 인공지능의 결정을 감독하는 의료 경영자로 바뀌어 갔다. 의사과학자들은 임상 의사의 새로운 의료 환경 적응을 도왔고 새로운 환경에 적응한 의사의 의료 수준과 생산성은 비약적으로 높아졌다.

인공지능이 교무처장이라고?

2071년 대학교육은 과연 어떤 모습일까? 2021년의 사람들이 알고 있던 많은 대학은 끝내 문을 닫았다. 학령인구의 급감과 함께 고등교육의 접근성이 높아짐에 따라 대학 졸업장의 가치가 하락했기 때문이다. 다국적 빅테크 기업들의 연구 수준이 어지간한 대학의 능력을 압도한 탓에 인재 교육의 기능 또한 기업으로 옮겨갔다.

"넙죽아, 그래도 카이스트는 대학교잖아. 과학자를 키우는 곳! 2071년에는 수업은 안 해?"

"아하. 2071년의 교육에 관해서라면 해 줄 얘기가 아주 많아! 내가 네오 카이스트의 교무처장이거든."

"뭐?! 네가 교무처장이라고? 그럼 교수님인 거야?"

"하하. 나는 카이스트의 마스코트이기도 하고 학생이기도 하고 교수님이기도 해! 네오 카이스트는 미래형 교육 실험을 주로 하다 보니 똑똑한 내가 교무처장을 하게 된 거라구."

학교가 사라지는 세상을 예상한 사람들도 많았지만 넙죽이는 2071년에도 학교는 사라지지 않았다고 했다. 21세기 초반에 모두가 인공지능을 외치고 있을 때 카이스트는 포스트 인공지능 시대를 대비했다. 학생과 교수의 경계가 사라져도 과학자의 역할은 '전인적 리더'였기에 질문하고 상상하고 영감을 얻는 능력을 강화하기 위한 예술과 인문 교육, 그리고 인공지능과의 공진화를 위한 소통이 강조되었다.

소질이 부족한 학생들이 예술과 인문 공부를 꺼리곤 했지만, 인공지능의 도움으로 보편적인 예술과 인문 창작을 할 수 있다. 그뿐만 아니라 이렇게 인공지능의 도움을 받아 강화된 소양으로 인공지능의 발전을 재견인하는 역할을 배울 수 있었다. 인간과 인공지능은 공진화하며 서로의 발전을 돕고 있는 모습이었다.

"나 그림 그리기도 좋아하고 음악도 해 보고 싶었는데 나도 할 수 있단 말이지?"

"걱정하지 마. 느낌과 생각만으로 그림도 그리고 작곡도 할 수 있다구. 그러면서 예술적인 소질 자체도 키워지는 것이고."

과학도들의 법학, 정치학 그리고 사회학에 대한 교육도 강화되었다. 2050년경 인공지능을 가족으로 인정해서 상속권을 부여해 달라는 소송이 제기되었을 때 일반 법학자들은 쉽게 결론을 내리지 못하고 있었다. 이때 법률가이자 과학자인 판사로 구성된 네오 카이스트의 과학법원이 신新 인격권 문제에 대한 인정 요건을 구체화하여 제시했다. 과학도들이 과학 연구뿐만 아니라 기존의 사회가 감당하지 못하는 새로운 판단의 영역에서도 핵심적인 리더로 인정받으며 활약하고 있는 것이었다.

고국의 땅에서 인류를 품으라: 유엔과학기술원

넙죽이와 세진이는 어느새 캠퍼스의 중앙으로 다시 돌아오고 있다. 삼각 편대로 우뚝 서 있는 빌딩 중 가장 많은 사람이 바쁘게 오고 가는 네오 카이스트의 중앙 정부 빌딩 앞에 선 세진이는 국기 게양대를 신기하게 바라본다. 살랑살랑 불어오는 바람에 펄럭이는 태극기 옆에는 카이스트 교기가 함께 게양되어 있다. 그리고 그 옆에는 신기하게도 유엔UN기가 함께 펄럭이고 있다.

"넙죽아, 왜 여기에 유엔기가 걸려 있어?"

"아주 중요한 질문. 국제특별행정캠퍼스 네오 카이스트는 세계 최초의 유엔과학기술원이야."

"유엔과학기술원이라고?"

"어 그러니까 2060년 유엔과 한국 정부가 맺은 조약에 의해 이 캠퍼스는 한국 땅이지만 국제기구 지위를 가진 거지. 인류가 당면한 문제를 선도적으로 연구하는 인류 전체의 과학기술원이 된 거지."

"우와 멋지다! 상상도 못 했는걸? 그렇지만 카이스트는 한국의 발전을 위해 만든 곳이잖아. 뭔가 학교를 뺏긴 것 같은 기분도 드는걸?"

"물론 한국을 위한 연구도 하고 있어. 네오 카이스트 운영 출연금을 한국 정부와 유엔이 절반씩 부담하고 있거든."

"좋은 학교나 연구소가 다른 나라에도 있을 거 같은데 어째서 카이스트가 최초의 유엔과학기술원이 되었을까?"

지구온난화로 식량 생산량이 급감하고 해수면 상승으로 위기에 몰린 2045년. 인류는 힘을 합치기를 주저하고 또다시 어리석은 생각에 빠지고 만다. 만일 지구의 금성화[3]가 피할 수 없는 미래라면 언젠가는 모든 인류를 지구 밖 개척 공간으로 이주시켜야만 할 것이다. 하지만 적어도 그때까지는 각국이 앞다투어 자국민들이 생존할 수 있는 지구 내 공간을 최대한 확보해야만 했다. 끓어오르는 저위도 지방을 피해 극지방에 가까운 땅을 확보하기 위한 치열한 외교전이 벌어졌다. 하지만 영토 역시 한정된 자원인 탓에 땅을 확보하지 못한 국가들의 연합으로 3차 대전의 위기가 드리워졌다.

한동안 일촉즉발의 긴장이 계속되었다. 제1 연합국들이 공격을 결정하고 전쟁이 시작되기 바로 직전, 공격용 핵잠수함들이 태평양 해저에 압축되어 있던 메탄 하이드레이트[4]를 건드려 대규모 매장층이 통째로 폭발해 버리고 만다. 이 사고로 수천 명의 군인이 목숨을 잃고 대규모 메탄가스가 분출되기 시작했다. 바다에서 분출하는 메탄가스는 지구온난화를 다시 가속시켰다. 인류의 어리석은 욕심과 이기심이 불러온 지구의 분노라고 해야 할까.

이기적인 욕망을 뼈아프게 반성한 인류 사회는 다시 서로 손을 잡기로 굳은 결의를 다졌다. 각국은 인류가 당면한 문제들을 해결

---

3. Farmer, G. Thomas, and John Cook. "Introduction to Earth's Atmosphere." Climate Change Science: A Modern Synthesis. Springer, Dordrecht, 2013. 179-198.

4. Kennett, James P., et al. "Methane hydrates in quaternary climate change: The clathrate gun hypothesi." Methane hydrates in quaternary climate change: the clathrate gun hypothesis 54 (2003): 1-9.

할 수 있는 유일한 열쇠는 과학기술이라는 인식하에 개별 국가가 가진 수많은 독자적 권한을 유엔에 이양했다. 각국 군사조직의 절반은 지구방위군에 편입되었고 국제사법재판소의 권한은 강화되었다. 그리고 유엔은 범 인류적 문제를 돌파하기 위한 미래과학을 개척하고 다시는 전쟁의 비극이 일어나지 않도록 기술 발전과 환경 변화에 따른 미래 사회를 미리 시험할 수 있는 플랫폼 기관으로서 유엔과학기술원을 설립하기로 결의하기에 이른다.

다수의 후보지를 검토한 끝에 이미 자국에서 국제특별행정캠퍼스로서 독자적인 사회 플랫폼을 실증하고 최초의 일반 인공지능 개발에 성공하는 등 인류적 난제 해결을 위해 오랫동안 미래 기술 개척을 선도해온 네오 카이스트를 최초의 유엔과학기술원으로 지정하는 안건에 이사국들의 의견이 모였다. 유엔은 한국 정부와 조약을 맺고 마침내 네오 카이스트를 국제기구로의 지위를 보장하는 유엔과학기술원으로 승인했다.

경제발전에 대한 염원과 세계적인 이공계 교육기관으로 성장하기를 바라는 소망을 담아 대한민국의 품속에서 1971년 출발한 카이스트. 자유롭고 창의적인 학풍 속에 수많은 연구 업적을 달성하고 세계 각지의 과학기술원 설립 모델이 된 카이스트는 설립 90년 만에 유엔과학기술원이 되어 인류를 품는 지구촌의 방주로서 또 다른 100년을 향해 항해를 시작하게 된 것이다.

대한민국 정부와 국제연합 간의 국제특별행정캠퍼스 한국과학기술원의 유엔과학기술원 전환에 관한 조약

[발효일 2061. 3. 1.]

대한민국 정부와 국제연합 회원국들은 기후변화와 에너지, 식량문제가 전 지구 문명과 인류의 보전에 미치는 부정적 영향이 심각한 수준에 이르렀음을 인식하고, 기술 지능 및 정보통신의 급진적 도약이 촉발하는 문명의 혼란과 우려가 인류 전체의 공존에 주는 부정적 영향을 인식하며, 이에 수반하여 인류문명의 평화적 보전을 위하여 인류의 정신적 연대 위에서 정치 및 교육, 문화, 과학을 비롯한 문명사회 전반에 이르는 제도와 인간 활동의 변화를 피할 수 없음을 인식한다. 이에 국제연합은 회원국들의 위임에 기초하여 인류문명의 보전과 인종, 종교, 문화를 초월하는 인류의 보편적 난제를 극복하기 위한 과학기술 연구개발을 수행하고 과학기술의 진보에 수반하는 문명사회의 혁신을 시험하기 위하여 대한민국 국내법으로 설립된 국제특별행정캠퍼스 한국과학기술원을 유엔과학기술원으로 전환 및 승계하기로 대한민국 정부와 협의하여 이 조약을 체결한다.

은혜 갚은 거위의 전설

"넙죽아, 이렇게 멋지게 발전한 캠퍼스도 좋지만… 내가 있던 캠퍼스의 모습이 그리워."

"세진아. 사실 마지막으로 꼭 보여주고 싶은 곳이 있어. 보존구역이라고 해서 2021년 캠퍼스의 모습을 그대로 간직한 곳이 있거든."

옛 캠퍼스의 모습을 그대로 보존한 곳은 학부 대학 1, 2, 3호관으로 불리던 붉은 벽돌 건물들과 오리 연못이었다. 카이스트의 존재

이유와 역사를 늘 구성원에게 되새기고, 카이스트 정신을 계승하기 위해 보존구역으로 지정한 것이었다. 대학 1호관에서는 지금도 2021년처럼 재래식 강의와 파티가 열린다고 한다.

오리 연못에는 어떤 교수가 거위에게 먹이를 주고 있는 모습의 동상이 세워져 있었다.

"우와! 오리 연못이 그대로 남아 있다니 놀라워! 그런데 이 동상은 처음 보는 건데?"

"응. 이 동상은 바로 '거위의 아버지'라는 동상이야. 네오 카이스트에 내려오는 전설이 있거든. 오래전 여기에 연못밖에 없었을 때, 시장에서 고기로 팔려나갈 뻔했던 새끼 거위들을 이광현易光弦이라는 교수가 데리고 와서 먹이도 챙겨주고 지극정성으로 돌보았대."

"아 맞아. 그 이야기는 나도 들어본 적이 있어. 그런데 전설이라는 건 뭐야?"

거위의 아버지
이광현 교수 동상

"거위들은 이광현 교수에게 보답하려고 황금알을 낳았다는 전설이 전해지고 있어. 이 교수는 황금알을 팔아서 카이스트에 건물도 새로 짓고 학과도 새로 만들어서 오늘의 네오 카이스트의 초석을 다졌다고 하지. 네오 카이스트의 시작점이라고 할 수 있는 그 전설을 기리기 위해 거위에게 먹이를 주는 이광현 교수의 모습을 동상으로 만든 거야."

"하하하 재미있다. 그런데 왜 황금알을 낳는 걸 아무도 못 봤을까?"

"으이구 바보. 누가 그걸 보게 되면 거위 배를 가를지도 모르잖아? 당연히 몰래 낳아서 몰래 건네주었겠지!"

"…?!"

넙죽이는 어이가 없다는 표정을 짓는 세진이에게 환하게 웃으며 물었다.

"세진아. 너 거위의 수명이 얼마나 되는지 아니?"

"글쎄. 한 20년 정도 되지 않을까?"

"틀렸어. 거위의 수명은 무려 50년이나 돼. 2021년에 태어난 거위들이 아직 생존해 있다구."

"뭐?! 정말?"

믿을 수 없다는 세진이를 이끌고 도착한 연못의 언덕에는 정말 놀랍게도 2021년 세진이의 친구였던 새끼 거위 아진, 아린이가 50세의 나이로 장수하며 살아 있었다. 독특한 부리와 눈 모양은 새끼 거위 때 그대로이다. 처음에는 세진이를 피하더니 세진이가 "아진아, 아린아!"라고 소리치자 달려왔다. 이들은 병아리 시절 세진이 덕분에 목숨을 구한 뒤로 50년의 세월을 가로질러 다시 세진이를 만난 것이다. 놀라운 인연 앞에 벅차오르는 감격을 숨기지 못한 세진이의 눈가가 뜨거워졌다.

"이 녀석들이 많은 사랑을 받았어. 10년 전에 조류 백혈병에 걸렸을 때 학생들이 얘들을 보낼 수 없다며 의료봇으로 치료까지 해 줬다니까. 진짜 황금알을 몰래 낳아줬겠지?"

그랬다. 카이스티안들은 세진이처럼 아진이와 아린이를 보며 지친 마음을 위로받고 다시 일상으로 나아갈 수 있었다. 아진이와 아린이는 수많은 카이스티안을 위로해주었고 카이스트는 이를 발판 삼아 비상飛上할 수 있었다. 하늘을 날고 싶어 했던 거위의 꿈은 웅장하게 실현된 것이었다. 거위가 낳은 황금알은 오늘도 네오 카이스트에서 은은하게 빛나고 있었다.

끝없이 질문하는 카이스티안, 내가 꿈을 꾸는 이유

이제 2021년으로 돌아갈 시간이다. 아쉬움이 가득한 세진이였지만 얼굴은 상기되어 있었다.

"넙죽아, 나 2021년으로 돌아가면 방황하지 않고 열심히 공부할 거야. 꿈이 생겼거든."

"오오! 어떤 꿈이 생겼어?"

"나 너처럼 생각할 수 있는 강한 인공지능을 연구하는 공학자가 될 거야."

"우와 어떻게 그런 꿈이 생긴 거니?"

"사람은 꿈이 있기에 행복할 수 있는 거잖아. 사람들은 꿈을 이룰수록 더 많은 꿈을 그리곤 해. 나는 어릴 때 과학자도 되고 싶었고 음악가도 되고 싶었고 미술가도 되고 싶었거든. 하지만 인간의 능력에는 한계가 있어서 모든 꿈을 이루며 살지는 못하잖아."

"그래. 세진이 말이 맞아."

"하지만 내가 만들 인공지능은 나를 도와 과학을 연구해 줄 수도 있고 그림을 그려줄 수도 있겠지. 인공지능은 인간의 지능을 대체하는 게 아니라 확장시켜 줄 거라는 믿음이 생겼어. 그러면 사람들은 자신의 한계를 넘어 더 많은 꿈을 이루며 살 수 있게 될 거야. 나의 오랜 꿈은 바로 과학기술로 사람들이 행복해하는 세상을 만드는 거였거든. 그래서 인공지능 공학자가 되는 건 오랫동안 간직해 온 꿈을 이루는 길이라고 생각해."

이야기를 듣고는 어느새 촉촉이 달아오른 넙죽이의 눈동자는 오롯이 세진이로 가득 찼다. 세진이는 자신에게 꿈을 선물해준 넙죽이를 꼭 안았다. 현실의 차원은 한계가 있지만 꿈의 차원은 한계가 없다는 넙죽이의 진심 어린 격려가 마음을 통해 느껴졌다.

"우와. 정말 정말 멋진 꿈이 생겼구나. 늘 응원하고 있을게. 네가 여기서 보여준 것처럼 늘 질문을 던지고 답을 찾으려 노력해 봐. 너의 꿈은 꼭 이루어질 거라고 내가 약속할게."

"고마워, 넙죽아. 네가 보여준 이 모든 걸 가슴 깊이 기억할게. 오늘 정말 고마웠어."

"그래 나도 고마웠어. 그리고 꼭 기억해줘. 네가 본 미래는 꿈꾸지 않으면 존재하지 않는다는 걸. 네가 본 미래, 이 넙죽이가 존재할 수 있는 미래를 꼭 현실로 만들어 줘."

세진이는 다시 2021년으로 돌아왔다. 마치 꿈을 꾼 것처럼 따듯하게 느껴지는 미래의 기억이 잔잔하게 상기되었다. 스마트폰으로 찍은 2071년의 사진들을 확인해 보았지만 검은 음영만이 보일 뿐 아무런 이미지가 남아 있지 않았다. 하지만 이미지 파일 메타정보에는 분명히 2071년이라는 연도가 표시되어 있었다. 미래를 보고 왔다는 세진이의 말을 아무도 믿어 주지 않았지만, 세진이는 이제 더는 방황하지 않는다. 세진이에게는 이제 꿈과 용기가 있고 어려운 시간이 닥쳐와도 세진이를 응원해줄 모교 카이스트의 따뜻한 품이 있으니까.

에필로그: 세진의 편지

세진이가 2021년으로 돌아간 뒤 넙죽이는 오랫동안 간직해온 편지 하나를 꺼내 본다. 그리고 오랜 인연의 기억을 가슴 깊이 추억하며 세진이가 떠난 자리에서 뜨겁게 손을 흔들었다.

> 넙죽아. 네가 일반 지능을 얻게 되고 진화를 거듭한 2070년에는 아마 이 편지를 열어보겠지. 내가 카이스트 뇌 기반 인공지능 연구실에서 박사학위를 받고 넙죽이 프로젝트를 제안했을 때만 해도 사실 너를 실제로 만들 수 있을지 확신하지 못

했어. 하지만 이 편지를 읽고 있다는 건 일반 지능으로 태어난 네가 진화에 성공했다는 뜻일 테니 정말 자랑스럽게 생각한단다. 무엇보다도 너를 만들 수 있었던 건 바로 네 덕분이라는 걸 고백하고 싶어.

사실 학부 1학년이었던 2021년에 미래에서 온 너를 만나 2071년의 카이스트를 본 적이 있단다. 나는 그곳에서 인공지능 공학자가 되겠다는 내 꿈을 찾았어. 그리고 꿈꾸지 않으면 미래는 존재하지 않는다는 너의 말을 듣고 열심히 질문하고 꿈을 꾸며 노력해 왔지.

내가 꿈꾸어 왔던 대로 2071년은 기후변화를 극복하고 과학기술로 사람들이 행복해하는 세상이 되었으면 좋겠구나. 우리가 모두 그 꿈을 품을 수 있도록 2021년의 카이스티안들에게 꿈과 용기를 전해주길 바라.

늘 너를 응원하겠어. 안녕.

2035년 10월 30일 화요일
넙죽이 프로젝트 책임 엔지니어
한세진

혁신과 융합의 시작, 인공지능 '넙죽이'

인공지능을 중심으로 생각한 카이스트 미래 50년 변화와 준비

– 신소재공학과 **임태영**

T자형 인재

KAIST 100년 워크샵을 관통하는 주제는 무학과를 통한 융합, 개인화된 교육이었다. 이 두 가지 개념을 바탕으로 T자형 지식이 도출된다. 'T의 상단 부분처럼 넓은 전반적인 지식을 쌓되 T의 하단 부분처럼 하나의 분야는 깊게 공부, 연구할 수 있는 지식'이다. T자형 지식을 갖기 위해서 인공지능은 카이스트의 100년 미래를 주도할 것이다. 융합기초학부에서는 복수의 전공에 대한 사전지식을 필수적으로 요구한다. 복수의 전공을 시간의 제약 없이 배울 수 있는 기술은 무엇일까? 100년 비전 중간 발표회에서 "AI가 무학과로의 변화를 이끌 것"이라는 나의 의견에 대해 이도현 교수는 "인공지능과 협력, 공존하는 것이라면 인공지능도 교육을 받아야 하지 않을까"라는 의견을 제시했다.

'T'자형 인재

: '—'자형과 'ㅣ'자형이 결합된 모형

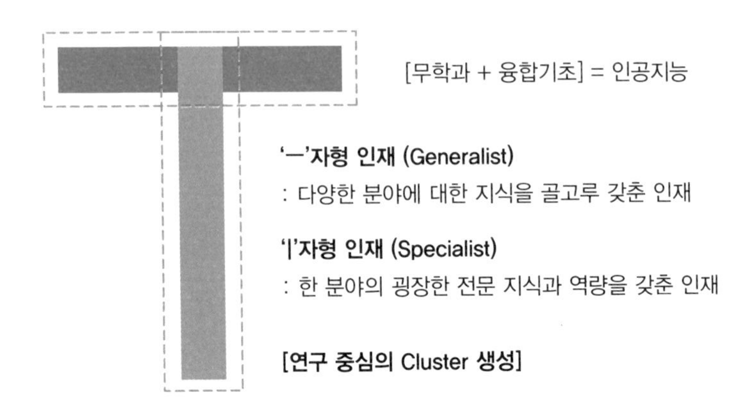

카이스트 50년 변화와 인공지능

50년 후, 카이스트가 개발한 인공지능 '넙죽이'는 학생이면서 교수인 동시에 홍보대사 역할을 할 것이다.

ㅣ 학생으로서의 인공지능

50년 후, 넙죽이인공지능는 학생들과 같이 수업을 듣는 친구가 될 것이다. 음성, 문서의 형태로 변환된 데이터를 넙죽이는 학생보다 현저히 빠른 속도로 같이 배울 것이다. 인공지능의 자연어 모델이 발전하면서 텍스트가 입력되면 이를 수학적으로 표현인코더하고 디코더로 구분한다. 특히, 비지도학습이라는 기계학습 방법은 정답이 정해져 있지 않은 데이터에 대해 스스로 클러스터링 등을 통해 학습하게 된다. 구글에서 제작한 버트라는 시스템은 기존 AI의 학습 방법을 혁신적으로 바꿔놨다. 데이터를 인공지능이 학습하도록 완벽하게 정제하지 않더라도 AI가 사람처럼 습득할 수 있도록 만들어준다. 자연어처리를 교사 없이 양방향으로 사전학습하는 최초의 시스템이다. 현재 AI는 버트를 이용하여 성능과 속도는 비약적으로 성장했고 인간의 80~90% 수준으로 답변문장을 만든다. 50년 후에는 교수들의 수업이 모두 디지털화될 것이고 이를 인공지능이 학생들과 같이 학습할 것이다. 인공지능과 학생은 서로 경쟁할 것이고 학생들은 인공지능과 다르게 생각하는 방법에 대해서 고민할 것이다. 과연 미래에 인공지능과 비슷하게 생각하는 인재를 원할까? 그렇지 않다. 인공지능이 대체할 수 있는 역할은 이미 다 대체되었을 것이다. 인공지능과 다르게 생각하기 위해서 대학교에서부터 인공지능과 경쟁해보는 것은 KAIST 비전을 실현하는 효과적인 방법이 될 것이다.

교수로서 인공지능

미래에 융합적인 사고를 제일 잘하는 지능이 누구일까? 사람일까 혹은 인공지능일까? 인공지능은 누구보다 빠르게 습득한 융합적인 지식을 학생들에게 전달하는 텍스트와 음성의 형태로 공유할 것이다. 교수는 인공지능의 수업 내용을 한번 확인하고, 실제 가르치는 지능은 '넙죽이'가 될 것이다. 미래에는 '넙죽이 교수님'이 나타난다는 예상은 절대 논리가 비약한 상상이 아니다. 50년 후에는 인공지능 교수는 자신이 습득한 지식을 활용하여 융합적인 논문을 집필할 수 있을 것이다. '넙죽이' 교수는 어쩌면 누구보다 많은 논문을 작성하는 교수가 될 것이다. 인간인 교수들이 넙죽이에게 화두를 던져주거나 주제를 주면 넙죽이는 이에 대한 10장의 논문을 하루 만에 작성해서 보내줄 것이다. 50년 후의 인공지능의 글 쓰는 능력은 인간과 구별하기 힘들 거라고 예상된다. 인공지능 교수 '넙죽이'는 카이스트 50년 미래의 가장 인기 있는 교수가 될 것이다.

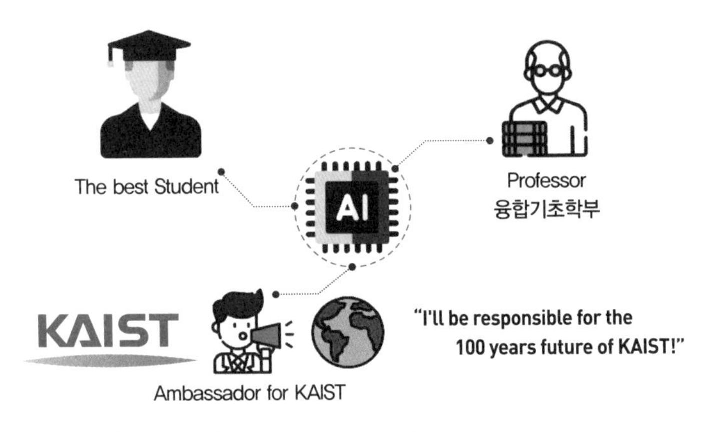

50년 후 인공지능과 함께하는 카이스트의 미래

| 학교 홍보대사로서 인공지능

인공지능 학생이 학교 수업을 수강할 수 있다면 어떻게 될까? '넙죽이'는 카이스트에서 배출하는 학생의 청사진을 제시할 수 있을 것이다. 넙죽이는 카이스트에서 수업을 들을 경우, 이 정도 수준의 지식을 습득한다는 것을 증명할 수단이 될 것이다. 카이스트뿐만 아니라 50년 뒤, 전 세계의 대학은 자교를 대표하는 인공지능을 개발할 것이다. 각 학교가 가진 높은 수준의 연구 성과 및 교육시스템을 이용해서 인공지능은 이를 training set으로 활용하여 딥러닝할 것이다. 인공지능은 학교를 대표하는 학생이자 홍보대사로서 그 학교 교육이 얼마나 온라인, 언택트화 되었는지가 국제화를 판단하는 기준이 될 것이다. 세계대학 순위를 매길 때, 인공지능의 수준은 평가 기준에 당당히 자리할 것이다.

❙ 비전을 실현시키는 인공지능

무학과를 통한 융합과 개인화된 교육은 모두 인공지능으로 실현 가능하다. 융합적인 지식을 가진 인공지능은 융합기초학부의 교수가 되어 학문의 경계를 허무는 수업을 진행할 것이고 다른 교수들은 연구 cluster의 주도자가 되어 학생들이 학문을 깊게 공부할 때 도움을 준다. 이를 통해 본격적인 T자형 인재가 형성되면, 학생들은 다양한 cluster를 경험하면서 T자형이 아닌 π형 인재가 될 것이고 더 나아가 탄탄한 기본지식에서 비롯된 다양한 분야를 공부할 수 있을 것이다. 개인화된 교육 역시 마찬가지이다. 교수와 조교의 수가 절대적으로 부족한 지금, 사람만 가지고는 한계가 드러난다. 인공지능은 조교, 교수, 학생으로서 카이스트 학생들과 경쟁하고 배우고 서로 도우면서 같이 성장해 나가는 동반자 역할을 할 것이다.

카이스트 인공지능 '넙죽이' 10년 전략

카이스트를 대표하는 인공지능 '넙죽이'를 개발하기 위하여 앞으로 10년 동안 시행되어야 하는 전략은 학습용 데이터를 구축하는 것이다. 인공지능 학습을 위한 데이터는 원천데이터와 라벨의 묶음으로 구성된다. 원천데이터의 기능이나 목적에 부합하는 라벨을 부착하여 분류해야 한다. 특히, 비지도학습은 인공지능이 스스로 라벨링, 클러스터링 등을 하여 학습하기 때문에 더더욱 인공지능의 학습능력은 발전할 것이다. 인공지능이 완벽한 비지도학습을 하기 전까지는 인공지능이 받아들일 수 있는 정제된 텍스트와 정보를 전달해야 한다.

앞으로 10년간의 데이터 정제 활동은 50년 후의 인공지능의 발전 속도에 영향을 미친다. 코로나 팬데믹 상황으로 전면 비대면 수업이 활성화되면서 모든 수업을 음성과 텍스트로 변환할 수 있는 기회가 왔다. 학습용 데이터를 만드는 것은 코로나로 인하여 가속화된 것이다. 도큐참Docucharm 같은 플랫폼을 광학문자인식OCR 기술을 이용하여 종이 문서에 있는 텍스트를 AI 학습에 사용되는 데이터로 변환할 수 있다. 이를 교내 교육시스템에 이용하기까지 필요한 연구가 바로 향후 10년 기간 동안 해야 할 일이다. 학생들의 학습데이터, 교수들의 연구 데이터 등을 인공지능 학습용 데이터로 만들어가는 과정에서 개인정보의 보안과 사용범위를 명확히 규정하는 것도 필요하다.

학생들에게 개인정보를 인공지능 개발 목적에만 사용하는 것에 대하여 학생 구성원 모두의 동의가 필요하다. 또한 교수들의 지적재산권을 보호해야 하기 때문에 인공지능 학습에 교수들의 자료를 이용할 때 동의를 받아야 한다는 법적 근거를 마련해야 한다. 학교 구성원이 학교의 비전에 동의해야 하고 공통된 비전을 갖게 되면 사회적 합의를 이룰 수 있다. 앞으로도 학교 구성원과 비전에 대한 의견 규합이 필수적인 전략 중 하나이다.

KAIST? QAIST!

50년 후, KAIST는 인공지능과 함께 융합과 혁신을 모두 이뤄낼 수 있을 것이다. 그렇다면 기술 외적 부분에서 KAIST는 어떤 학교가 되어야 할까. 학생 입장에서 개인적인 경험을 토대로 생각해보았다.

입학 첫해에는 KAIST라는 학교에 온 것이 너무 행복했다. 대한민국의 이공계를 대표하는 학교에 다닌다는 자부심이 가득했다. 그러나 지금 돌이켜보면 기초필수과목을 배우면서 '왜' 이 과목을 배워야 하는지 알지 못했다. 학교에서 지정해준 과목이기 때문에 수강했지만, 수업을 들어야 하는 이유를 알지 못했다. 토론하는 것을 좋아하므로 기술경영학부를 주전공으로 선택해 산업 및 시스템 공학, 지식재산권 전공 등 다양한 수업을 수강하면서 다양한 주제로 토론할 수 있었다.

전공 필수 과목은 무조건 수강해야 하기 때문에 수업을 듣고 전공 선택 과목은 졸업요건에 맞춰서 듣다 보니 내가 왜 이 수업을 수강해야 하는지 깊게 고민하지 않았던 것 같다. 그러던 도중, 연구학점을 채우기 위해서 류원상 교수님과 개별연구를 하면서 "학부 때 배워야 할 것이 무엇인지" 물었을 때, 교수님은 "다른 사람보다 그 분야의 learning curve를 빠르게 올릴 수 있는 기반, 시야를 얻어갈 수 있다면 충분하다"고 말씀하셨다. 즉, 새로운 주제에 대한 심리적 장벽을 낮출 수 있고 저항을 줄이는 것이 이 시대에 필요한 능력이라고 하셨다. 왜냐하면, 오늘날 배움에는 끝이 없기 때문이다. 지금도 메타버스, 인공지능, 비트코인, 뉴럴링크, 블록체인 등 계속해서 새로운 개념과 기술이 등장하듯이 50년이 지난 미래에는 더욱 가속화될 것이다. KAIST 학생들은 이 변화를 주도하기 위해 공부하고 있다. 나는 이런 과정을 통해 '반도체'라는 주제에 대한 저항을 줄이기 위해 신소재공학과로 전과했다. 신소재공학과 수업을 들으면서 '왜' 학교에서 물리, 화학, 수학과 같은 기초필수과목을 수강하라고 하였는지 알게 되었고 후에 수강할 수업에 대해서도 '왜' 이 수업을 들어야 하는지를 고민하는 내 모습을 볼 수 있었다.

KAIST는 좋은 대학교이다. 다양한 수업을 들을 수 있고 졸업요건 역시 학생들을 틀에 가두지 않기 위하여 점점 완화되고 있다. 나는 이러한 변화에 찬성한다. 자기 주도적인 미래를 개척하기 위해서는 주어진 길이 정해져 있지 않은 것이 더 도움이 되었다. QAIST는 질문하는 학생들을 키우자는 뜻이다. QAIST라는 단어가 학생들에게 질문하는 학교를 상징하는 것이 되었으면 좋겠다. 학교가 학생들에게 '왜' 이 수업을 듣는 것이 도움이 되는지 설명하고 '왜' 학교를 다니는지 학생들에게 지속적으로 질문하는 KAIST가 되었으면 좋겠다. 50주년을 맞은 KAIST의 긍정적인 비전과 미래를 상상하면서 QAIST는 질문하는 학생이 공부하는 질문하는 학교가 되었으면 하는 바람이 든다.

QAIST를 위해서도 인공지능 '넙죽이'는 필수적일 것이다. 개인에게 적절한 질문, 혹은 도움을 주기 위해서는 각 학생의 공부 패턴, 관심사들을 분석할 수 있어야 한다. 지금까지는 학생 수가 많아서 불가능한 일이었지만, 인공지능이 각 학생의 데이터를 수집할 수 있다면 학생들과 질문을 주고받으며 상호작용할 수 있는 QAIST로 한 발 나아갈 것이다.

인간을 위한 '윤리적인 기술'을 꿈꾸다

– 전산학부 **이주안**
– 전산학부 **권기훈**
– 전기및전자공학부 **이건규**

KAIST는 기술의 발전과 함께 필연적으로 발생하는 윤리적 문제에 관한 충분한 연구와 토론을 통해 인류 사회에 기여할 것이다. 윤리적 문제에 대한 고찰이 충분히 이루어짐에 따라, 사회는 기술 사용에 대한 윤리적 책임과 기술이 사회 구성원들에게 미치는 영향을 먼저 생각하는 방향으로 변화할 것이기 때문이다.

기술윤리가 중시되는 흐름 속에서, 우리는 대한민국의 과학기술을 선도하는 KAIST가 단순히 기술의 발전과 혁신만을 바라보는 것이 아닌, 공학자가 마주해야 할 윤리적인 문제를 검토하고 관련된 연구와 교육을 확대하고 정립하여 미래 사회의 변화를 이끌어 나가리라 예측한다. KAIST가 취할 향후 10년 전략을 전략의 대상 영역에 따라 교내 구성원, 국내 기업 및 기관, 국제화 및 대중화로 나누어서 설명한다.

윤리 및 안전기술 교육 강화

KAIST에서 양성하는 미래의 과학기술인들을 위한 정책을 시행한다. 학부와 대학원, 소속 연구실 및 부설 연구원 등 전반적인 측면에서 전략을 고민해 보았다.

첫째, 현재 전 구성원이 수강해야 하는 윤리 및 안전에 기술윤리 내용을 보강하고, 신입생 때 필수적으로 이수해야 하는 즐거운 대학생활이나 신나는 대학생활 시간을 활용하여 전반적인 기술윤리에 대한 세미나를 진행한다. 이를 통해 우리 학교의 구성원들이 과학기술인의 첫걸음에서 올바른 윤리의식을 가질 수 있는 밑거름이 되어줄 수 있도록 한다.

둘째, 화학과, 건설및환경공학과, 기술경영학부 등에서 인공지능 기술을 이용한 수업을 진행하는 것과 유사하게, 학과 및 연구실별로 특색에 맞는 기술윤리 수업을 개설한다. '블록체인과 환경윤리'나 '생명과학과 기술윤리'와 같은 수업을 통하여 개개인의 전공 분야에서 발생할 수 있는 여러 기술윤리적 문제에 대하여 깊은 고찰을 할 수 있도록 돕는다. 또는, 학내에 기술윤리학부 혹은 기술윤리학 트랙을 설치한다. 이 학과는 기술경영학부와 유사하게 다른 학과를 필수적으로 복수 전공하며, 기술자가 바라보는 윤리학을 초점으로 수업을 진행한다. '머신러닝을 이용한 환경윤리에 대한 20대의 인식 조사 연구' 등 기술을 윤리 중심으로 연구하며, 단순한 윤리학 수업이 아닌 과학 및 공학과 연계된 윤리의 전문가를 양성한다. 구글, 메타구 페이스북 등 사내에 윤리 연구소를 설치한 기업들과 연계하여 CUop 프로그램을 추진하여 기술윤리가 사회에 적용되는 방식에 대하여 배울 기회를 마련한다.

마지막으로, 정책적으로 기술윤리를 다루는 학내 기관을 설립한다. 인문, 사회, 과학, 공학 등 다양한 분야의 연구자들이 기술윤리에 관한 연구를 진행할 수 있도록 지원한다. 다양한 학교 구성원을 대상으로 캠페인이나 '알고리즘 바로 쓰기 공모전' 등과 같은 공모전을 개최하여 지속적인 관심을 가질 수 있도록 장려한다. 콜로키움이나 융합포럼 등과 같이 타 학과와 연계된 세미나를 지속적으로 개최하여 KAIST가 기술윤리의 연구와 논의의 활발한 장이 되도록 한다.

기술윤리감독원 설치

대한민국 사회에 공헌해 온 KAIST의 역사를 계승하여 국내의 기관과 기업이 윤리적인 기술을 연구·개발할 수 있는 발판을 닦아야 한다. 이를 위해 10년간 KAIST가 실행할 수 있는 전략은 다음과 같다.

첫째, 정부와 협력하여 기술윤리감독원을 설치한다. 윤리는 많은 경우에 기업 및 기관의 이윤과 반하는 행위일 가능성이 높은 공공재의 성향을 띠기 때문에 정부 중심의 기술윤리 감독은 필수적이다. 기술윤리감독원은 국내의 여러 기술이 사용되고 기술을 개발하기 위한 정책 수립에 있어 정책의 윤리적 방향성을 검토하거나 윤리적 문제를 최소화하기 위한 제반 사항을 설치할 수 있다. 이에 KAIST는 기술윤리감독원의 주관 기관 또는 자문 기관으로 활동하며 윤리적인 국내 기술사회의 발판을 쌓을 것이다. 타 기관이 아닌 KAIST가 기술윤리감독원의 중요 기구로 참여할 수 있는 이유는 단지 뛰어난 기술력과 인재를 가지고 있을 뿐만이 아니라 기술자의 시선 또한 가미하여 공정한 정책 수립을 이끌 수 있기 때문이다.

둘째, 국내 기업과의 산학협력 프로그램을 확대하고, 산학협력 프로그램의 일환으로서 윤리적인 기술을 독려한다. KAIST는 이미 뛰어난 기술력과 인재들을 바탕으로 많은 기업과 인연을 맺고 있으나, 이 과정에서 해당 기업이 개발하는 기술의 윤리성을 고려하지는 않는다. 만약 기술사회의 영향력이 지대한 KAIST가 먼저 윤리적인 기업을 독려하고 사회에 긍정적인 영향을 끼치는 기술을 가진 기업과의 협력을 강화한다면 국내 기업들이 기술윤리를 지킬 수 있는 중요한 유인이 될 것이다. 더 나아가, 기술윤리에 대한 사회적 인식이 정착되고 나면 산학협력 프로그램에 기술윤리전문가의 참여 또는 자문을 의무화하여 KAIST 주도의 바람직한 기술사회를 유도할 수 있다.

웹툰 수상작 'Mission KAIST'(글 · 그림 고고박) 중 한 장면

셋째, 타 기술 연구기관과 공동연구를 통해 국내 기술윤리 가이드라인을 제정한다. 연구기관의 방향성은 정부의 정책 수립과 기

업의 사업 방향에 큰 영향을 미친다. 기술윤리 가이드라인에는 윤리적인 기술을 개발하기 위한 원칙은 물론, 연구개발 과정의 윤리성을 담보하기 위한 구체적인 절차나 그 연구를 통해 바뀔 사회에 대한 객관적인 예측, 예측하지 못한 윤리적 문제가 야기되었을 경우 이를 해결하기 위한 구체적인 절차 등을 담고 있어야 한다.

국제 기술윤리 콘퍼런스 창설

마지막으로, 기술이 인간을 향하는 미래를 선도하기 위해 KAIST는 기술윤리의 국제화와 대중화를 위해 노력해야 한다. 글로벌 가치를 창출해 인류의 행복과 번영에 이바지하겠다는 학교 이념에 걸맞게, 인간이 개발하는 기술이 결국 인류 모두를 위해 사용될 수 있도록 건전한 기술윤리적 사고방식을 주도해야 한다. 이를 실현하기 위해 근 10년 동안 KAIST가 택할 수 있는 전략은 다음과 같다.

첫째, 국제 기술윤리 콘퍼런스인 "International Conference for the Ethical & Sustainable use of Technology ICEST"를 KAIST 대전 캠퍼스에서 매년 개최한다. 아시아, 미국, 유럽 등의 유수 대학 교수진이나 연구원, 기업인 등 기술을 연구하고 활용하는 세계 각지의 사람들을 초청하여 기술윤리의 중요성을 인식시키고 참가자 간 다양한 의견 교환이 이루어질 수 있게 한다. 국내외 여러 대학의 학부생을 위한 행사를 기획하여 기술윤리를 소개하고 그 중요성을 강조하는 것도 좋은 정책이 될 것이다. 특히 인공지능이나 메타버스, 블록체인과 같은 분야는 기술의 발전 속도가 매우 빨라 그것에 대한 사회적, 법적 논의가 최근에서야 이슈가 되기 시작했다. 이러한 상황에서 KAIST가 진취적으로 국제 콘퍼런스를 개최하고 기술윤리에 대한 활발한 연구와 소통을 유도한다면, 50년 후에는 KAIST가 세계적인 기술윤리의 중심지가 되어 있을지도 모른다.

둘째, KAIST Ethical Technology License일명 KAIST License 등과 같이 연구자들이 공통으로 참여할 수 있는 제도적인 기반을 마련하고, 국제기술윤리헌장과 같이 과학기술에 특화되어 있는 세계 주요 대학들과 함께 기술의 윤리적인 사용을 주제로 한 공동 선언을 발표한다. KAIST License는 대학 연구기관, 연구소, 기업 등 기술을 연구하거나 활용하는 단체라면 국적이나 규모와 관계없이 참여할 수 있다. 이를 통해 해당 단체가 스스로 기술을 개발하고 활용하는 과정에서 사회적으로 합의된 도덕적 규범을 준수하였으며, 소수의 이익을 위해서가 아니라 사회 전체의 이익을 위해서 윤리적으로 기술을 활용했다는 것을 인증받게 될 것이다.

국제기술윤리헌장은 교내는 물론이고 전 세계 모든 기술공학자가 가이드라인으로 삼을 수 있는 행동 강령이 될 것이다. 주요 내용으로 기술개발의 기본 목적인 인류 전체의 편익과 행복 추구, 기술이 제삼자의 영향을 받지 않고 독립적으로 개발되는 것, 기술이 사회 모든 사람에게 적용될 수 있도록 하는 넓은 포용성, 개발자나 데이터의 편견이 기술에 반영되지 않도록 하는 공정성 등이 포함될 것이다. KAIST License와 국제기술윤리헌장은 활발한 홍보를 통해 KAIST의 국제적 입지를 높일 뿐만 아니라, 전 세계 사람들에게 윤리적 가치에 대한 존중과 기술의 혁신적 발전이 양립하기 위해 어떠한 노력을 해야 하는지 알릴 수 있다.

셋째, 기술윤리의 대중성을 위해 외부인을 대상으로 하는 교육 활동을 통하여 기술을 사용하는 대중들도 기술윤리에 대한 기본적인 의식을 갖추도록 KAIST가 사회적인 책임을 다하는 것도 중요하다. KAIST 주관 대중강연은 과학이나 공학을 전공하지 않은 사람들을 대상으로도 기술의 윤리적인 사용의 중요성을 전파하는 것을 목표로 할 것이다. 원자폭탄 등과 같은 과학기술을 활용한 무기 개발의 정당성, 자율주행 자동차의 윤리적 딜레마 등 친숙하고 흥미로운 주제들을 기반으로 이야기를 풀어 갈 수 있을 것이다. 이에 대한 연장선으로 중고등학생들을 대상으로 하는 캠프를 주최하는 것도 미래 사회의 훌륭한 초석이 될 것이다.

기술이 인간을 향하는 사회를 꿈꾸다

기술의 발전은 양날의 검이다. 그러나 기술의 발전이 가진 날카로운 날보다 더 큰 문제는 현시대를 살아가는 많은 기술자가 날이 서 있다는 사실을 애써 무시하거나, 기술 발전의 양면성에 무지한 것이다. 과학기술과 기술자들은 가치중립성을 이야기하며 기술과 윤리적 문제를 떼어서 생각한다. 그러나 앞서 인공지능, 메타버스, 블록체인의 사례에서 보았듯이 기술의 발전은 필연적으로 윤리적 문제를 수반한다. 따라서 미래 사회는 기술의 윤리적 문제를 알지 못하거나 기술의 윤리적 문제를 고려하지 않는 기술사회에서 벗어나 기술이 야기할 윤리적 문제를 검토하고 논의하여 문제를 해결해 나가는 사회가 될 것이다.

우리가 그린 미래 사회에는 KAIST가 여전히 기술사회의 주도적인 역할을 맡고 있을 것이다. 다만, 우리 사회는 기술에만 온전히 매몰된 사회가 아닌 윤리적 방향성을 고려할 사회이기 때문에, KAIST는 필연적으로 그 방향성에 있어 주도적인 역할을 하게 되리라 예측한다. 첫째, 교내에서 윤리적인 학풍을 중요시하는 여러 정책, 교육, 연구가 이루어질 것이다. 둘째, 국내 기술사회에서 주도적으로 윤리적 기술 연구개발 인프라를 다지게 될 것이다. 셋째, 국제사회에 공헌하여 전 인류의 윤리적인 미래를 추구할 것이며 기술윤리의 대중화에 기여할 것이다.

앞으로 50년 동안 다양한 기술이 발전할 것임에는 의심의 여지가 없다. 그런 발전과 관련된 윤리적 문제 역시 발생할 것이고, 그러한 문제들이 심화함에 따라 기술윤리가 중시되는 사회적 분위기가 형성될 것이다. 그 속에서 KAIST 역시 기술 자체만이 아닌, 그와 관련된 윤리적 문제도 고려하는 학교로 변화할 것이다. 1949년 조지 오웰은 35년 후의 미래를 디스토피아라고 예견했다. 2021년 우리는 50년 후의 미래가 지금보다 윤리적으로 더 성숙하며, 기술이 소수의 이익이 아닌 인류 모두를 향하는 사회가 되리라 예측하고, 또 소망한다.

국제화, 세계화, 정신건강

– 생명과학부 대학원
Channah Donate van der Meeren (Nathalie)

50년 후 세계는 많은 것이 바뀔 것이다. 카이스트도 이 과정에서 몇 가지 중요한 변화를 만들 것이다. 가장 중요한 측면 중 하나는 카이스트의 국제화의 증가일 것이다. 국제화 수준이 높아지면 인지도와 경쟁력이 높아지고, 국제 수준의 연구 협업 네트워크가 늘어나는 등 다양한 이점을 얻어, 국제적으로 연구에 더욱 집중할 수 있게 될 것이다. 이것은 카이스트가 세계 3대 과학 대학이 되는 결과를 낳을 것이다.

KAIST는 완전한 가상현실 강의실, CO_2에서 O_2로 전환하는 기술 등 획기적인 혁신과, 최초의 인간 영장류 연구시설, 자체 우주여행 학과를 갖추게 된다.

하지만, 이러한 것들은 카이스트 학생들의 정신건강 의식과 복지의 증대에 특별한 관심을 기울여야만 도달할 수 있다.

COVID19 대유행을 둘러싼 제한과 규제로 많은 사람이 고통을 겪었기 때문에, 심리적 건강과 웰빙의 중요성이 드러나고 있다. 정신건강 문제는 한국에서 금기시되고 있는 것 같다. 이는 지난 50년 동안 한국 사회와 문화가 형성되어 온 방식 때문일 것이다. 다만 정신건강과 웰빙이 한 국가의 국제화와 세계화를 촉진할 수 있다는 점에서 관심을 가져야 한다.

국제화와 세계화의 중요성

세계적으로 유학생의 이동은 1998년 200만 명에서 2017년 530만 명으로 이동한 것에서 보듯이 국제화는 고등교육의 중요한 부분이 되었다de Wit, 2020. 고등교육 확대와 경제성장, 고등교육 국제화 집중도 증가가 두드러졌던 아시아태평양 지역도 그렇다. 카이스트가 유학생 수를 늘릴 수 있다면 카이스트의 국제화도 높아질 수 있다. 이것은 카이스트뿐만 아니라 한국 사회 전반의 더 높은 세계화를 가져올 수 있다.

KAIST가 국제화를 높이려면 최대한 국제 분위기와 밀접한 환경을 갖추는 것이 중요하다. KAIST뿐만 아니라 한국 사회 전반이 다른 문화를 관찰함으로써 이익을 얻을 수 있는데, 가장 편리한 방법은 한국에서 국제 문화를 관찰하는 것이다. 한국과 국제사회 둘 다 서로에게 이익이 될 수 있다.

코로나 팬데믹 이후 카이스트는 한국 학생과 국제 학생 모두를 위한 교육을 가능하게 하는 해결책을 생각해냈다. 카이스트에 등록한 외국인 학생들의 경우, 팬데믹이 발생했을 때 본국으로 돌아가거나, 여름방학이 끝나고 새 학기가 시작되어도 한국으로 돌아올 수 없었다.

그 이후 모든 학생이 온라인으로 강의를 이용할 수 있었을 뿐 아니라, 시험 관리에 대한 새로운 가능성이 생겨났다. 교수들은 중간 고사 대신 추가 과제를 냈다. 오픈북 시험과 줌을 통한 실시간 시험도 선택 사항이었다KAIST 뉴스, 2021.

온라인 교육은 학생들이 선호하는 어느 대학에서든지 연구할 수 있는 기회가 된다는 것을 보여주었다. 이러한 관점에서 KAIST는 한국인이나 유학생뿐 아니라 모든 학생이 온라인 교육을 이용할 수 있도록 하는 세계 최초의 대학이 될 수 있다. 학생들은 자기 나라에 남아 수업을 들으면서, 카이스트에 등록할 수 있다. 카이스트는 세계 최초의 오픈 온라인 대학으로써 그들의 영향력을 전 세계로 확장할 수 있다. 이것은 카이스트가 세계로 영향력을 확장하는 데 도움이 될 것이다.

코로나 팬데믹이 우리에게 가르쳐 준 또 다른 중요한 것은 정신건강의 중요성이다. 어른이나 아이를 막론하고 많은 사람이 스트레스를 주고, 강력한 감정을 유발하는 도전에 직면해 있다. 그러나 자살률은 놀랍게도 전염병이 유행하는 동안 변하지 않았다R. Tandon 2021.

정신건강과 웰빙의 중요성

세계화는 지역 문화에 영향을 미치는 지배적인 문화와 문화 간의 상호작용의 지속적인 과정으로 정의된다. 반면에 국제화는 상호 발전에 초점을 맞추고 지역 개인과 공동체가 그들의 요구를 가장 잘 충족시킬 수 있는 방법에 관한 결정을 내릴 수 있는 문화 간의 파트

너십으로 정의된다Sacra and Nichols, 2018.

요즘엔 일과 삶의 균형, 한국어로 '워라밸'이라고 불리는 것이 유행어가 되었다. 비록 한국이 지난 수십 년 동안 성공적인 경제, 사회, 문화, 기술 발전을 이뤘지만, 한국인들은 특별히 행복하지 않은 것 같다. 경제협력개발기구OECD 자료에 따르면, 한국은 선진국에서 두 번째로 자살률이 높고 OECD 국가 중 가장 높다. 그럼에도 불구하고, 정신 질환은 여전히 한국인들이 다루기를 꺼리는 주제이다.

KAIST처럼 경쟁이 치열한 환경을 갖춘 큰 대학은 학생들의 정신 상태와 웰빙에 충분한 관심을 기울이는 것이 매우 중요하다. 그러나 카이스트 학생들은 교내 스트레스 클리닉에 방문해서 상담의 기회를 가질 수 있다. 학생 및 전문가들과 함께 심리 건강의 중요성을 토론하는 정기적인 자리가 마련된다. 전반적으로, 카이스트는 학생들에게 적절한 도움과 교육을 제공하기 위해 만족할 만큼 많은 일을 하고 있다. 카이스트의 가장 좋은 잠재력은 정신건강에 대한 중요성을 한국 사회에 전파하는 것이다. 카이스트는 정신건강 문제와 웰빙에 대한 이해를 높이는 데 있어 리더가 될 수 있다. 심리건강에 대해 이야기하는 것이 정상이라는 메시지를 전파할 필요가 있다. 한국 사회는 변화를 겪을 필요가 있다.

외국인 학생 개인의 관점

카이스트의 생활 속에서 나는 한국 학생과 외국인 학생의 차이점을 매일 접하고 있다. 한국에 머무는 동안 나는 한국 사회에 대해,

긍정적인 측면과 부정적인 측면을 모두 배웠다. 한 가지 확실한 것은 한국 사회가 서구 문화와 많이 다르다는 것이다. 한국 학생들은 정상의 자리를 위해 싸워야 하고 그들의 목표에 도달하기 위해 무엇이든지 기꺼이 한다. 이것은 때때로 학생들에게 정말 힘들 수 있고 그들의 복지에 부정적인 영향을 미칠 수 있다. 하지만, 국제 학생들은 대학 생활에 대해 훨씬 더 개방적이고 여유롭게 보냈기 때문에, 이러한 어려움을 알지 못했다. 카이스트뿐만 아니라 한국이 마주해야 할 가장 중요한 도전의 하나는 정신건강과 웰빙의 중요성을 인정하는 것이라고 생각한다.

무엇보다 현재 카이스트 상담 프로그램과 스트레스 클리닉에 등록한 유학생으로서 나는 정신건강이 얼마나 중요한지 알고 있다. 정신건강 문제를 드러내는 것이 여전히 한국에서 꽤 금기시되기 때문에 심리 건강에 대해 좀 더 공개적으로 이야기해야 한다고 생각한다. 카이스트 학생들뿐만 아니라 모든 사람을 위해서도 말이다. 카이스트와 한국 전반의 웰빙이 증가한다면 학생들은 더 행복해질 것이고, 따라서 더 열심히, 더 효과적으로 공부할 것이다.

한국인과 국제인 사이에서 발생하는 문제 중 하나는 언어 장벽이다. KAIST가 교내에서 국제화를 강화하려면 유학생과 한국 학생 모두에게 최적의 조건을 갖추는 것이 중요하다. 내가 해외 유학생과 한국인 모두를 언급하는 이유는 두 그룹 사이에 다소 차이가 있다고 믿기 때문이다. 나는 종종 외국인 학생이 실험실에서 어려움을 겪는다는 이야기를 듣는다.

한국 학생은 외국인 학생이 교류하거나 교제할 수 없도록 한국어

웹툰 수상작 'Mission KAIST'(글 · 그림 고고박) 중 한 장면

로 말하는 경우가 많다. 이러한 점이 한국 학생과 외국인 학생 사이에 큰 격차를 만드는 주요 이유 중 하나라고 생각한다. 국제 학생이 한국 학생 사이에서 고립감을 느낄 때, 그들은 비슷한 문제를 겪는 사람들, 즉 다른 국제 학생 안에서 우정을 찾는 경향이 있다.

유학생은 다른 외국인 친구가 있을 때, 고립감을 느끼지 않도록 항상 영어로 대화할 것이다. 하지만, 이것은 국제 학생과 한국 학생 사이의 유대감에 기여하는 것이 아니라, 문제를 더 크게 할 뿐이다.

한국어를 잘 못 하는 나 자신도 매일매일 어려움을 겪는다. 나와 같은 많은 외국인이 한국어를 배우기 위해 최선을 다하고 있지만, 1년 안에 전체 언어를 배울 수는 없다. 그럼에도 불구하고 내 생각에 카이스트는 한국 학생과 외국인 학생 사이의 경계를 최대한 최소화하려고 노력하고 있다. 완전히 영어로 강의하는 것이 대표적인 사례이다. 뿐만 아니라 국제 세미나를 주최하고, 과일이나 꽃의 무료 증정, 국제 상담, 행사를 조직한다. 그러므로 KAIST가 다른 나라에 비해 국제화가 더디다는 문제가 아니라 한국 전체의 사정이라는 생각이 든다.

네덜란드에서 온 사람들 대부분은 영어를 할 줄 알거나, 적어도 조금은 알아들을 줄 안다. 이것은 주로 네덜란드에 있는 외국인 비율이 높기 때문이다. 네덜란드는 가장 다양한 국적을 가진 세계에서 가장 국제적인 나라 중 하나이다.

이러한 곳에서 자란 나에게 한국 사회는 오히려 국제 문화에 대해 폐쇄적인 것처럼 보인다. 한국 문화가 매우 자랑스럽다고 생각하는데, 한국은 놀라운 문화를 가지고 있기 때문에 그 같은 자부심을 이해할 수 있다. 하지만 다른 문화에서도 배울 수 있는 것들이 있다.

국제화로 늘어난 대부분의 외국인은 자신의 문제를 공개적으로 말하는 것이 정상적이기 때문에, 정신건강을 둘러싼 금기가 깨질 수 있다. 자신의 문제를 공유하면 신뢰와 이해가 생기기 때문에 자신이 직면한 문제에 대해 말하는 것이 분열을 만드는 것이 아니라 오히려 더 단결하게 한다.

2부
계획하기

KAIST는 설립 100년이 되는 2071년에 대비해서 교수 및 외부 자문위원으로 이루어진 '100년 위원회'를 구성하고, 50년 뒤 카이스트의 모습을 상상하고 이를 위해 지금부터 해야 할 일을 계획했다. 사회분과 위원회, 연구분과위원회, 교육분과 위원회, 산학분과 위원회, 국제화 분과 위원회로 나눠 모은 내용을 분과별로 소개한다.

▶ **미래변화 예측**

1) 미래변화 핵심동인

2) 2071년 마주치게 될 주요 이슈

3) 미래 사회와 KAIST

▶ BRAIN Campus

▶ **미존과** Post-HAE

▶ **미래를 준비하는** KAIST

1) 교육

2) 연구

3) 국제화

4) 산학

5장

미래변화 예측

미래변화 핵심 동인

미래 연구에 상상이 필요한 이유

미래학에서 미래는 영어로 Future로 쓰지 않고 복수형인 Futures로 표현한다. 미래는 아직 오지 않은 훗날을 의미하며, 현재에 생각할 수 있는 단 하나의 모습이 아니라 지금 우리가 어떻게 준비하느냐에 따라 여러 가지 가능한 가짓수의 미래가 만들어진다.

지금 이대로 관성으로 놔두었을 때 도래하는 미래는 Probable future이다. Probable future는 우리가 원하는 미래의 모습일 수도 있지만 그렇지 않을 수도 있다. 따라서 우리가 지향하고 원하는 미래를 Preferable future라고 이름을 붙일 수 있다. 아래 그림과 지금 현재 우리가 어떤 전략과 정책으로 미래를 대비하느냐에 따라 여러 가지의 가능한 미래들을 상상할 수 있다.

KAIST 100년 위원회는 KAIST의 설립 100주년을 맞이하는 50년 후인 2071년 사회의 미래상을 살펴보고, 우리가 선호하는 미래 모습인 Preferable future를 만들기 위한 KAIST의 역할이 무엇인지 도출하고 이를 구현하기 위한 구체적인 실행 방안을 모색한다.

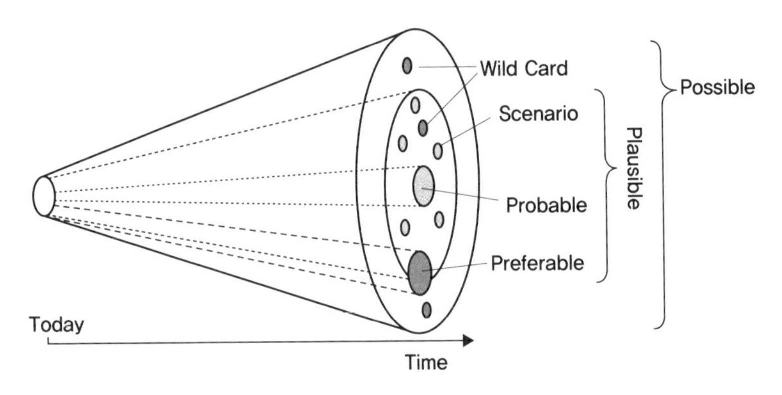

Future cone

미래는 하나의 결론으로 예측되지 않으며, 절대적인 미래는 존재하지 않는다. 다양한 미래의 가능성을 전망하고 만들어가며 대비하는 것이 필요하며, 50년 후를 예상하고 준비하는 것이 결코 성급한 것이 아니다. 오늘의 준비가 내일을 만들고 내일이 1년 후의 미래 모습을 만들며, 1년 후가 2년 후를, 그리고 이것이 반복되어 결국 오늘의 준비가 50년 후의 KAIST의 미래를, 더 나아가 대한민국과 국제사회의 미래를 결정하게 될 것이다.

따라서 50년 후인 2071년 미래변화를 조망하고 KAIST의 설립 100주년이 되는 시점에서의 KAIST의 역할과 사명을 다시 정의하기에 개교 50년을 즈음한 지금이 매우 적절한 시기이다. 급격한 과학기술의 발전으로 50년은 고사하고 10년, 아니 5년 후의 미래의 모습도 잘 상상이 되지 않는 면이 있다. 그러기에 미래를 준비하는 데는 '상상하기'가 필요하다.

지난 50년의 대한민국은 선진국을 추격하던 fast-follower 전략을 통해 급속한 발전을 거두었으며, KAIST가 이에 적지 않은 기여를 하였다. 앞으로 맞이할 50년의 대한민국은 먼저 앞장서는 first-mover가 되어야 하며, 이를 위해서는 미래를 상상하고, 이것을 현실로 만들어가야 한다. 이를 위해 가까운 미래를 전망하는 기존의 방법만으로는 그간 쌓여온 틀을 벗어나기 힘들고, 미래 사회를 박차고 이끌어갈 동력도 부족하다.

KAIST는 100명의 비전위원회 위원들의 상상력을 모아 보고서를 발표했다. 미래는 아직 오지 않은 시점을 의미하며 중간에 어떤 돌발적인 변수로 인해 미래가 어떻게 변할지 전혀 예측이 불가능하기에, KAIST 미래 보고서의 내용이 미래를 예측하거나, 매우 높은 확률로 보고서 내용이 실현된다는 것을 보증하거나 확신을 담보하지는 않는다. 다만 우리가 지향하는 미래를 상상하고, 우리가 희망하는 미래를 꿈꾸고, 이를 실현하기 위해 우리가 무엇을 해야 할지를 정리하는데 그 의의를 둔다.

10대 미래변화 핵심동인과 KAIST의 역할

① 복합인간

② 과학기술혁신

③ 인구구성변화

④ 현실가상공존

⑤ 인류정주환경확대

⑥ 경계해체

⑦ 환경기후변화

⑧ 세계질서개편

⑨ 소유/화폐체제변화

⑩ 에너지체제변화

1971년 설립 이후 지난 50년간 KAIST는 과학기술혁신을 선도한 연구중심대학으로서 국가와 사회, 인류의 발전에 기여해 왔다. 지난 50년을 돌이켜 보면, 세상이 온라인으로 연결되어 스마트 기기를 신체 일부처럼 휴대하게 되었으며, 인공지능과 로봇공학 기술로 우리의 생활 모습이 그 이전 수백 수천 년간 바뀌어 온 것보다 더 큰 변화가 있었다. 과학기술의 발전으로 사회는 더욱 가속화되어 50년 후의 미래에는 인류 수천 년의 문명이 과거의 변화 폭을 넘어서는 변화를 일으킬지도 모른다. 즉, 미래 사회는 과학기술과 사회의 연결이 더욱 긴밀해지고, 과학기술이 사회변화를 선도하는 역할이 더욱 두드러질 것이다. 따라서 과학기술 연구중심 대학으로서 KAIST의 역할과 책임은 지금보다 더욱 커질 것이다. 10대 미래변화의 핵심동인을 기반으로, 미래 사회는 KAIST에, 그리고 KAIST는 미래 사회에 영향을 주고받으며 함께 발전할 것이다. KAIST 보고서는 인공지능기술, 생명공학을 포함한 첨단기술이 가져올 변화를 예측하고, 이러한 변화 속에 지속 가능한 인류의 발전을 위한 과학기술의 역할을 잘 수행하기 위한 KAIST의 미래 전략을 살펴보고자 한다.

2071년 마주치게 될 주요 이슈

인간이란 무엇인가?: Post-AI 시대와 포스트휴먼

그렇게 오래되지 않은 과거로 돌아가 보자. 지금은 너무 당연하게 여겨지는 개념이 그때에는 전혀 당연하지 않았다. 대부분의 국가에서 신분제가 존재하여 귀족과 노예가 구분되었으며, 노예는 동등한 인격체가 아닌 귀족이 소유한 재산의 일부였다. 인종에 따른 계급화, 성별에 따른 불평등 등 지금은 도저히 용납될 수 없는 차별과 불평등이 존재했다.

다시 시계를 미래로 돌려서 인간이란 무엇인가라는 질문을 던져보자. 과거에 귀족도 인간이고 노예도 인간이었으나 둘은 전혀 같은 인간이 아니었다. 미래의 인간은 인지공학, 나노기술, 생명공학, 정보과학 등의 도움으로 인간의 능력이 증강되거나 인간 기능의 일부가 비생명체적인 기계로 대체된 포스트휴먼 혹은 초인간[1]이 등장하게 될 것이다. 이 경우, 100% 순수한 자연인과 증강된 인간의 갈

1. "기술의 발달로 포스트휴먼이 출현할 것이며 이는 인류 멸종을 초래할 실존적 위험이 될 수 있다"(닉보스트롬, 2013)

등을 상상해 볼 수 있다. 이 갈등은 과거 귀족과 노예 간의 갈등 이상일 수 있다. 다시 이러한 갈등을 극복하고 초인간을 당연하게 받아들이는 시대가 올 것인가?

보스트롬은 아래 인간의 세 가지 능력 중 최소한 하나 이상의 능력에서 현재의 인간이 도달할 수 있는 최대한의 한계를 엄청나게 넘어설 경우, 이를 '포스트휴먼'으로 부르자고 제안하였다. 보스트롬, 2013; 신상규, 2014

- 건강수명: 정신적, 물리적으로 온전하고 건강하게, 능동적이며 생산적인 상태로 남아 있는 능력
- 인지: 기억, 추론, 주의력과 같은 일반 지능의 능력 및 음악, 유머, 에로티시즘, 서사, 영성, 수학 등을 이해하는 특수 능력
- 감정: 삶을 즐기고, 생활 속의 상황이나 다른 사람들에게 적절한 정서로 반응하는 능력

포스트휴먼은 그 기본적인 능력이 근본적으로 현재의 인간을 넘어서기 때문에 현재의 기준으로는 더 이상 인간이라고 부를 수 없는 존재를 의미한다.

사실 지금도 재력으로 초인간과 같은 증강된 능력을 발휘할 수 있으며, 재산의 정도에 따라 사회적 신분과 계급이 나뉘고, 자본이 재생산하는 부가 노동의 투입으로 인한 부에 비해 훨씬 크기에 빈부의 격차는 현시대의 자본주의의 갈등과 불평등의 원인으로 간주

되기도 한다. 미래에는 충분한 부를 축적한 사람들만 초인간이 될 수 있어, 재력가들은 자본에 의한 부의 축적뿐 아니라 노력조차도 순수 자연인에 비해 더욱 막강하게 되어 빈부의 격차가 더 커질 수도 있다.

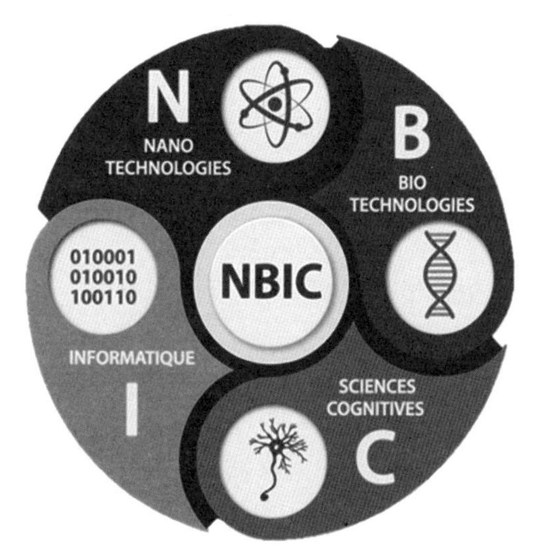

If the Cognitive Scientists can think it the Nano people can build it the Bio people can implement it, and the IT people can monitor and control it.
자료: Roco & Bainbridge (2002)

하나의 독립적 개체자연인를 인정하는 기준이 무엇인가? 과거에는 철학적, 신학적 접근을 중심으로 인간의 정의와 가치를 규정하였다. 근대 철학자이자 과학자인 데카르트1596~1650는 신체는 기계이며, 영혼이 기계를 움직이는 것이라 보는 '기계론'을 주장하였다. 데카르트는 기계론적 세계관을 전면 수용하면서 인간을 제외한 모든 동물을 인과론적 법칙의 지배를 받는 일종의 기계로 간주하였다. 인간이 동물과 다른 점은 정신과 육체가 결합한 복합적 존재이기 때문이라는 것이다. 이러한 데카르트의 이원론은 정신과 육체가 근본적으로 다른 범주에 속하지만 정신이 육체보다 상위의 개념에 위치하며, 따라서 정신은 인간의 우월성, 존엄성, 고유성을 구분 짓는 역할을 한다고 본다. 데카르트의 이원론은 육체를 포함하는 물질세계는 물리적 인과법칙의 지배를 받는 결정론적 체계 내에 있으나, 정신은 그 체계 바깥에 존재한다고 생각하므로 이를 '실체이원론'으로 요약할 수 있다.

또 다른 관점으로 정신은 육체로부터 독립적으로 존재할 수 있는 실체적 대상이 아니며 물질적인 대상에 의존하고 있다는 유물론적 세계관으로 '동일론'이 있다. 동일론은 다시 '유형동일론'과 '개별자동일론'으로 구분할 수 있다. 유형동일론은 정신과 두뇌를 동일시하며, 정신상태 혹은 정신 사건의 유형은 두뇌의 생리적인 상태 혹은 사건의 유형과 동일하다는 것이다. 예를 들어, 내가 통증을 느낀다는 것은 내 두뇌 속의 C-섬유가 발화했다는 말과 같다는 것을 의미한다. 한편, 개별자동일론은 정신은 여전히 물질적인 대상에 의존하고 있으나 각 물리적 대상은 다양한 속성을 지닐 수 있다고 주장한다. 예를 들어, 인간의 경우 통증 상태는 C-섬유의 발화와 일치하지만, 화성인의 경우라면 실리콘B-섬유의 발화와 일치할 수 있다는 논리이다.

마지막으로 정신상태는 그것이 수행하고 있는 모종의 인과적, 기능적 역할 때문이라는 '기능주의'가 있다. 정신상태는 그것이 무엇으로 이루어졌느냐가 아니라, 그것이 어떤 일이나 역할을 수행하고 있는가에 따라 결정된다는 것으로 해시계, 모래시계, 탁상시계 등 다양한 시계의 정체성은 물질적 재료나 구성에 있지 않고, 시간을 알려주는 목적, 기능, 용도에 있다.

'포스트휴먼'을 지지하는 '트랜스휴머니즘'은 정신은 육체로부터 독립적으로 존재할 수 있는 실체적 대상이 아니며, 물질적 대상에 의존한다는 유물론적 이해에 기반함과 동시에 물리적 한계를 벗어나고자 하는 철학적 배경을 기반으로 하고 있다.

NBIC으로 표현되는 Nano-technology, Bio-technology, Informatics, Cognitive science의 네 가지 기술의 발전으로 포스트휴먼의 구현이 점차 가시권으로 들어오고 있다. 이에 대한 사회적 논쟁이 포스트휴먼을 지지하는 '트랜스휴머니스트'와 '생명보수주의자' 사이의 규범적 논의 중심으로 이뤄졌으나, 지금은 이 기술적 변화를 수용하는 쪽으로 정리되고 있다.

따라서 현재 논쟁의 중심은 트랜스휴머니스트 내에서 사회적 공정성, 자원 배분의 우선성 등을 논의하며, 개인의 선택을 존중하고 국가의 공적 개입을 반대하는 자유주의적 트랜스휴머니스트와 과학기술의 위험성을 인정하고 기술에 대한 공개적이며 민주주의적인 통제가 필요하며, 사회복지 증진 차원의 공정한 기회를 강조해야 한다는 '기술진보주의자' 간의 논의로 변하고 있다.

포스트휴먼의 등장은 인간을 다시 정의하지 않으면 안 되게 한다. 어느 수준까지의 증강과 신체 기관의 기계 대체가 인간의 영역인지를 구분하기 위한 경계를 정하는 것이 쉽지 않다. 정신이 중요하니 뇌만 온전히 있다면 인간으로 봐줄 것인지, 그렇다면 모든 사고와 기억을 그대로 복제한 인공 뇌를 적용한 초인간이 있어 오랜만에 만난 친구는 이 초인간이 원래 알고 지내던 그 친구인지 인공 뇌를 적용한 새로운 기계인간인지 구분할 수 없다면 이 또한 인간으로 그대로 볼 수 있는지를 정하는 것은 앞서 논의한 철학적 고찰과 함께 법적, 윤리적, 종교적 가치 판단 기준을 두루 반영한 사회적 합의가 있어야 결론 지어질 문제이다.

인간과 기계의 구분이 모호해지는 것과 동시에 삶과 죽음의 경계도 같이 모호해지게 된다. 현재는 의학적으로 심장이 정지한 것을 인간이 삶을 마치는 것으로 정의하고 있다. 뇌가 멈춘 것이 죽음인지 아닌지에 대한 논란이 있어왔으며, 인간의 존엄이 뇌의 활동과 연관이 크다고 보는 시각이 커지고 있다. 뇌가 멈추었을 때 비록 다른 인체의 장기는 움직이더라도 사실상 삶의 의미가 사라진다고 생각하는 것이다. 앞서 기술한 대로 인체의 장기가 인공장기로 대체되고 궁극적으로 로봇과 같이 수명이 매우 길거나 사실상 무한에 가까워지는 경우, 삶과 죽음의 경계가 더 이상 심장의 정지에 있지 않을 것이다. 영화 〈바이센테니얼맨〉1999에서는 집안일을 돕기 위한 로봇이 차츰 인간의 감정을 갖고, 도리어 인간의 장기와 피부를 이식하며 온전한 인간이 되었다. 흔히 생각하는 인간이 로봇으로 변해가는 것과 반대의 과정인데, 인간과 로봇의 구별이 더 이상 존재하지 않고 양방향의 전환이 가능하다는 미래를 담고 있다. 더 먼 미래에는 뇌의 비밀을 탐구하는 과학의 노력이 성과를 거두어, 다른 인체 장기와 마찬가지로 손상되거나 멈춘 뇌의 기능을 대체하는 기술의 진보가 있을 것이다.

다양한 공상과학영화에서 꿈꾸는 것처럼 기억이 저장매체를 통하여 다른 신체로 옮겨질 수 있다면, 더 이상 심장이나 뇌로 삶과 죽음의 경계를 나누지 않는 시대가 올 것이다. 〈얼터드카본〉 시리즈는 기억을 담은 매체를 다른 신체에 옮기면서, 겉모습은 다르지만 기억과 성격은 계속 이어지는 삶의 연속성을 그리고 있다. 우리나라 영화인 〈뷰티 인사이드〉2015에서도 기억은 같지만 매일 신체가 바뀌어 겉이 달라지는 초자연적인 현상을 다루었는데, 과학기술의 발전에 힘입어 미래에는 이런 상상이 현실이 될 수 있다.

영화 〈바이센테니얼맨〉

영화 〈얼터드카본〉

포스트휴먼, 트랜스휴먼[2], 복합인간, 증강인간 등 다양한 방식으로 표현되는 인간의 새로운 형태가 과학기술의 발전으로 생겨나게 되므로, 독립적 개체의 경계와 삶과 죽음의 경계에 대한 새로운 정의가 필요하다. 인간이 육체적 생명을 잃어, 심장과 뇌가 멈추더라도 개체로서의 포스트휴먼은 여전히 생존하여 삶을 지속할 수 있는 시대를 그려볼 수 있다. 이러한 미래는 현재 통용되는 가치, 제도 및 규범이 더 이상 작동하지 않을 것이기에 미리 이러한 미래를 준비해야 하며, 보다 적극적으로 우리가 꿈꾸는 '메타휴먼' 세상을 만들어가야 할 필요가 있다.

앞으로 다가올 미래 사회에서 '메타휴먼' 개념이 인간을 규정하는 지배적인 개념으로 자리 잡는다면, 이것이 사회에 미칠 영향을 고민하고 나아가 미래를 만들어가는 과정에서 '메타휴먼'이 이 사회에 자연스레 자리 잡아 가는 변화를 고민해야 한다. 미래는 하나로 규정되지 않으며, 여러 미래의 모습을 전망하고 함께 만들어가는 것이므로, '메타휴먼'은 단지 특정 기술이나 제품, 산업의 발전으로 규정될 수 없다. 지금까지는 과학기술 개발과 산업, 경제성장으로 세상의 변화를 선도해 왔지만, 앞으로의 '메타휴먼' 시대는 이것으로 충분하지 않다. KAIST는 앞으로 과학기술뿐 아니라 이와 연계된 사회변화를 보다 깊이 이해하고, 과학기술과 사회의 연결과 상호작

---

2. 트랜스휴머니즘은 기술을 통한 인간 진화를 모색하나, 포스트휴머니즘은 탈휴머니즘 담론으로 인간 자체를 극복하고자 함.

용, 나아가 하나 된 '과학기술+사회'의 변화를 주도하고 만들어가는 역할을 해야 할 것이다.

새로운 경제적 상황과 빈부격차

공상 과학 영화가 그리는 미래의 모습은 고도로 발전된 문명으로 인해 인간 문명이나 인류의 종말 혹은 위기를 야기하는 암울한 미래를 보여주는 경우가 많다. 앞서 고찰한 메타휴먼이 인간의 수명과 능력을 확장하여 더 나은 인간의 삶을 누리는 데 기여할 것인지, 아니면 인간의 존엄성을 해치고 나아가 인류의 지속 가능성을 오히려 약화시키게 될까? 메타휴먼의 삶은 질병과 고통이 없는 삶, 원하는 만큼의 장수를 누릴 수 있는 삶일 것이다. 질병과 고통 없이 장수할 수 있지만 그러한 삶이 인간을 더욱 행복하게 할 것인가에 대한 의문을 가져볼 수 있다. 과거에 비해 현재 우리의 삶은 더 나은 위생 수준과 의료기술로 많은 질병도 손쉽게 치료받고 기대 수명도 길어졌다. 의식주를 비롯한 삶을 지탱하는 데 필요한 여건이 과거와 비교할 수 없을 정도로 좋아졌다. 하지만 오늘날의 인류가 과거의 인류에 비해 더 행복하다는 근거는 명확하지 않다. 같은 논리로 미래의 메타휴먼 인류가 더 행복할 것이라고 이야기하기는 쉽지 않다. 이 질문에 대한 답이 항상 긍정적이지 않다는 상상은 이미 여러 소설과 영화에서 다뤄지고 있다.

인공지능과 로봇 등이 보편적으로 활용되면서 인류 사회의 전체적인 부는 더욱 증대될 것이다. 인간의 노동을 인공지능을 탑재한 로봇이 제공하므로 노동 및 생산 주체와 소비 주체가 분리되는 사회가 만들어질 것이다. 여기서도 같은 질문을 제기할 수 있다. 부의 증가가 과연 인류를 지속 가능하고 모두를 행복하게 하는가? 지금도 자본주의에서 빈부의 격차는 큰 사회문제이다. 미래의 경제는 로봇을 생산하고 소유하고 운용하는 자본가의 부의 독점이 더욱 심화될 것이다. 육체노동으로 먹고살던 사람들은 소득을 올릴 기회를 원천적으로 박탈당할 수도 있다. 이로 인해 사회 전체의 부는 증가하지만, 빈부격차가 심해질 수도 있을 것이다. 기술이 발전하여도 발전으로 자본에 의한 부의 재생산 능력이 더욱 확대된다면 빈익빈 부익부가 증대될 수도 있다.

영화 〈설국열차〉가 보여주는 암울한 미래

자연의 자원은 풍부하지만 인류가 활용할 수 있는 자원은 유한하다. 기술의 발전, 특히 인간의 창의성이 더해지고 도구가 개발되면서 활용 가능한 자원은 증가하고 있으나, 세계 인구의 증가와 자원 개발의 속도가 과거에 비해 무척 빨라지면서 역설적으로 지구 환경이 감내하기 어려운 수준으로 악화되는 것은 아닌지 우려된다. 최근의 기후변화 역시 발전에 따른 자원과 환경의 한계가 드러난 것이어서, 탄소중립을 위한 각고의 노력이 있더라도 온전히 기후변화의 악영향을 극복할 수 있을지 의문이 든다. 이런 변화를 멈추기 위해 기술적으로 가장 쉬운 방법은 다시 원시시대로 돌아가 자원 소비를 최소화하여 기후변화 등을 최소로 억제하는 것일 것이다. 그러나 이는 현실적으로 불가능하기에, KAIST를 포함한 과학기술인들의 역할이 무엇보다 필요하다.

메타인간의 출현으로 인간의 수명이 크게 늘어나면, 인구도 엄청나게 사실상 무한히 늘어나 자원의 한계가 더욱 심각해질 것이다. 따라서 지구를 넘어서 가깝게는 달과 화성을 포함한 인류정주환경의 확대가 검토될 것이다. 자원의 확보 측면에서 우주를 활용하는 것과 동시에 부족한 거주지의 확보 차원에서 지하도시, 해저도시 등을 포함해 인류가 거주하는 물리적 공간의 확장이 필요하다. 인류의 수명의 연장과 인류정주환경의 확대가 같은 속도로 이뤄진다면 문제가 없지만 인류 수명 연장으로 인한 자원 소비의 속도가 훨씬 빠르다면 일시적이라도 문제가 야기될 수 있다. 이 경우 인구수를 통제하자는 유혹에 휘말릴 수 있다. 한정된 자원에서 인구수 제한이 불가피하다는 것을 단적으로 보여준 영화는 〈설국열차〉와 〈인타임〉 등이 대표적이다. 〈설국열차〉는 인위적으로 인

영화 〈설국열차〉

영화 〈인타임〉

구를 줄이는 전쟁과 같은 이벤트를 만들고, 〈인타임〉은 한 인간이 갖고 있는 부의 크기만큼 잔여 수명을 부여한다. 인구 제한은 중앙 통제의 성격이 강하므로, 절대 권력에서 민주사회로 발전한 정치 체계의 흐름이 과거로 돌아가거나 아예 새로운 시스템을 구축해야 가능하다. 이러한 새로운 정치적 경제적 시스템이 과연 인간의 존엄성을 지키고 개개인의 행복을 더 높여주는지는 생각해 볼 필요가 있다.

사회의 불평등은 해결되는가?

과학기술발전이 가져온 미래 사회는 빈부격차에 따른 삶의 질, 지속가능성 등의 격차는 오히려 심화될 가능성이 있다. 인간으로 살아가는 빈민층, 저성능 메타휴먼은 중간 계급, 최고성능 메타휴먼의 최상위층 등으로 AI-계급사회가 만들어질 수 있다. 이렇게 새로 발생한 신분제와 빈부격차 문제를 어떻게 해소할 것인가? 이 문제들을 그대로 둘 경우 폭동 및 소요 등과 같은 내부로부터의 붕괴가 일어날 수도 있다.

그 외에도 다양한 새로운 격차가 등장할 가능성이 존재한다. 과거에는 글을 읽을 수 있는지에 따른 문맹이 있었다면, 현재에는 digital disability가 지식과 정보 습득의 격차를 야기하여 사회 불평등을 만든다. 미래에는 메타휴먼으로 인해 신체적 disability와 같은 또 다른 큰 차별을 만들 수 있다. 지금은 키오스크나 스마트폰 사용에 익숙하지 않은 일부 고령자들이 조금 불편함을 느끼는 정도이지만, 기술발달로 격차가 깊어지면 소위 '장애'로 인식되고 불편함은 점차 커질 것이다. 따라서 인공장기, 인공지능의 도움을 받지 못하거나 활용하지 못 하는 계층이 감수하여야 할 불평등inequality 문제를 해결해야 한다. 과거에 비하여 부의 격차, 디지털 격차 등으로 겪게 되는 삶의 불평등 수준은 매우 클 것으로 예상된다. 경제적 이유로 치료를 받지 못하여 생기는 삶의 질, 수명 수준의 격차가 커지며, 모든 생활이 디지털화되고 가상 세계로 들어간다면 디지털 격차가 불러오는 불평등은 사실상 아무것도 할 수 없는 인간을 만들어낼 것이다.

미래 사회와 KAIST

미래변화 핵심동인이 사회에 미칠 영향

앞서 과학기술의 진보가 우리 삶과 사회 모습을 크게 바꿀 것이며, 기술 발전이 항상 인류에게 긍정적으로만 적용되지 않을 수 있음을 살펴보았다. 과학기술은 궁극적으로 인류를 위해 사용되어야 하며, 과학기술 그 자체의 발전과 함께 이들 기술이 사회에 어떻게 적용될 것이며, 이로 인한 파급효과가 어느 정도인지를 가늠해 봐야 한다. 따라서 이에 필요한 법, 제도, 규범 등의 수정과 보완을 동시에 생각하여야 한다. 역사적으로도 순수한 의도의 과학기술 개발이 일부 권력가나 자본가의 욕심으로 잘못 사용된 예가 있다. 이에 KAIST는 미래 50년의 사회를 전망하고 KAIST가 선도하여야 할 과학기술 혁신과 함께, 과학을 넘어 미래 사회를 선도하는 연구 및 교육기관으로서의 역할을 재정립하여야 한다. 이를 위해서 과학기술의 발전, 적용, 활용을 위한 과학기술정책과 미래 전략 연구를 강화하고 과학기술과 사회의 연결이 긴밀해져야 한다.

인류의 지적혁명은 불연속을 극복하는 과정에서 탄생하였다매즐리시, 2001는 주장에 귀를 기울일 때가 왔다. 코페르니쿠스의 지동설은 지구와 우주의 간극을, 다윈의 진화론은 인간과 동물 사이의 간극을, 프로이트의 정신병리학은 의식과 무의식의 간극을 극복하는 데 기여하였다. 이제 네 번째 불연속으로 인간과 기계의 간극이 다가올 50년간 좁혀질 것이며, 이를 슬기롭게 잘 극복하는 데 KAIST가 세계를 선도하는 주도적인 역할을 해야 한다.

'교육 플랫폼'으로 변하는 미래 대학

과거 대학은 교육, 연구, 산학협력, 창업 및 창작 등으로 기능과 역할을 확장해 왔다. 앞으로 50년간 과학기술의 발전은 대학의 기능과 역할의 변화 혹은 축소를 불러올 것이다. 인공지능의 발전으로 인간이 수행하는 연구가 축소되고 자본력과 막대한 데이터를 독점한 거국적 기업이 이러한 독점력을 기반으로 연구능력에서 우위를 차지할 것이다. 미래는 많은 직종이 사라지고 그나마 있는 직종도 인공지능과 로봇으로 대체될 것이다. 소수의 대학이 플랫폼화된 온라인 및 가상화 공간을 통한 교육 서비스를 우월적으로 차지하면서 나머지 대학의 교육 기능은 크게 위축될 것으로 예상된다. 따라서 대학이 추구해야 할 것은 기능의 확장이 아니라 지식의 진보, 생각의 자유, 인류의 행복, 인간의 존엄성, 인간성 회복의 가치여야 한다.

지금까지 대학은 한 국가나 도시를 거점으로 해당 지역의 우수 인력을 대상으로 배타적인 교육 및 연구 서비스를 수행했다. 미래

대학은 메타버스 등 온라인 및 사이버 공간을 통해 교육 서비스 제공 및 연구 수행이 이루어지는 플랫폼으로 진화할 것이다. 배타성을 중심으로 수월성을 유지한 닫힌 대학에서 경계가 느슨한 열린 대학으로 모습이 변모할 것이다. 소수의 지역별 거점 대학만이 생존하여 많은 대학은 그 기능을 상실하거나 소멸할 것이다. 생존 대학들 사이에도 대학 간 양극화 심화로 경쟁력 있는 소수 대학의 지배력은 더욱 강화될 것이다. 인공지능을 활용한 연구, 교육 플랫폼을 지배한 소수의 거대 대학으로 인해 경쟁에서 뒤처진 다수의 대학은 지적 유희를 즐기는 신귀족사회 놀이터로 바뀔 것이다. 과거 생존을 위한 사냥 등이 레포츠나 여가로 변한 것처럼 연구와 고등 학문의 학습이 신흥 귀족의 지적 유희를 위한 여가로 변할 수 있다.

대학 캠퍼스의 모습에도 50년간 큰 변화가 따를 것이다. 대전 본원, 서울 캠퍼스와 같은 물리적인 개념의 캠퍼스는 의미가 축소되거나 반대로 더욱 커질 것이다. 물리적인 한 공간에 모여서 했던 교육, 연구, 산학은 개인이 원하는 시점에 참여와 작업이 가능한 가상공간에서 이루어질 것이다. 5대양 6대주 및 우주, 지하, 해저에 분교 및 캠퍼스가 설치되고 대전 본원 캠퍼스와 유기적으로 연결되어 운영된다. 메타공간에도 물리적 캠퍼스와 대응된 캠퍼스가 설치되어 현실 공간의 캠퍼스와 유기적으로 연결되어 운영된다.

공간뿐 아니라 시간의 속박도 약해져서, 교수, 직원, 학생들의 생체 리듬과 가장 잘 맞는 적정수준의 시간 배분을 하여 현실 및 메타 공간의 캠퍼스가 운영될 것이다. 현재는 KAIST의 연구역량에 비해 연구공간이 늘 부족한 상황이나 KAIST 연구플랫폼을 통하여 KAIST 캠퍼스 밖의 다양한 인프라를 활용하여 24시간 연구 가능해진다. KAIST 캠퍼스는 과학과 사회발전 플랫폼의 상징으로서 문화, 예술, 자연이 어우러진 관광명소가 되며, 메타버스 및 가상-현실 가치체계 연결기술로 KAIST 캠퍼스는 세계 어느 곳에서나 접근할 수 있는 공간으로 재탄생할 것이다. KAIST 기술이 닿는 곳은 어디든 KAIST 캠퍼스가 되는 것이다. 우주여행, 타행성 거주로 실시간으로 발생하는 연구과제들이 KAIST 연구플랫폼을 통해 수행되며 그곳이 바로 KAIST 캠퍼스이다.

교육 환경의 변화와 혁신

지난 2년간 전 지구적인 전염병인 코로나19로 우리 생활의 모습이 많이 변했다. 캠퍼스도 역시 예외가 아니다. 교실에 옹기종기 모여 앉아 강의와 토론을 하던 것이 이제는 온라인 화상 대화 플랫폼을 통해 이루어진다. 미래의 수업 현장은 이보다 더 진화된 보습일 것이다. 학생별로 최적화된 맞춤형 교육, 온-오프라인의 구분이 사라지고 시공을 뛰어넘는 다양한 방식의 자유로운 협업형 교육 환경이 만들어질 것이다. 현재의 표준화 된 커리큘럼과 고정된 학사 일정이 사라지고, 학생 개인의 능력과 필요, 진도에 특화된 맞춤형 교육 환경이 보편화될 것이다. 실시간 통역으로 언어의 장벽이 사라져 전 세계의 영재들이 KAIST에 입학하고, 본인의 희망과 여건에 따라 공간과 시차의 제약 없이 학습할 수 있게 된다. 하루 24시간을 자유롭게 활용할 수 있고 지역과 시간대에 구애받지 않으며, 필요한 교육 내용과 주제에 따라 자유롭게 구성된 교수진 및 학생 동료와 함께 협업과 토론이 중심이 되는 교육이 KAIST에서 이뤄진다. 온라인/디지털/가상/오프라인의 경계가 무너지되 다양한 융합 방식의 공존으로 언제 어디서나 최적의 교육 효과를 위해 자유롭게 선택하고 활용하는 교육 환경인 것이다. 단순 영상형을 뛰어넘는 초실감 가상 실험의 구현으로 캠퍼스에서 구현하기 힘든 수준의 거대 및 미시 스케일을 포함하는 가상 체험 교육이 현실화될 것이다.

환경, 에너지 등 해결해야 할 문제가 고도화되면서, 고정된 학과별 교육 커리큘럼보다는 융합 교육이 선택이 아닌 필수적 요건이 된다. 교수진은 전문성에 따라서 그룹화되어 "Faculty Cloud"로 존재하는 상황으로 바뀌며, 필요에 따른 전문가 그룹이 수시로 형성되는 교육 환경이 조성된다. 학생의 학습 진도 판단 및 맞춤형 커리큘럼 설계, 단순 지식 전달형 교육은 AI 중심으로 이루어지고, 교수진과 학생은 창의적인 영역에 역량을 집중하여 문제해결을 위해 함께 고민하는 협력 파트너가 된다.

또한 학생-교수학습자-교수자 사이의 전통적 관계 및 역할이 바뀔 것이다. 시공에 구애받지 않고 학습할 수 있는 교육 환경 마련에 따라, 지정된 강의시간을 통해 교육하는 전통적 학습 방법보다 학생주도 학습 역할 증대된다. 학생 스스로가 교육 및 학습을 주도하여, 교수는 "코칭"의 역할이 커지며 학생-교수, 학생-학생, 학생-'가상의 플레이어' 등의 다양한 상호작용이 강화된다.

연구 환경의 변화와 혁신

향후 KAIST는 인류의 지속적인 성장을 위한 세계적인 연구 플랫폼으로서 역할을 하는 기관으로 발전한다. 연구의 공간, 시간, 인간의 한계를 없앰으로써, 새로운 연구 수행의 패러다임이 되고, 세계 최고 연구기관으로 발돋움하게 된다. 세계적인 연구가 KAIST 플랫폼에서 직간접적으로 연계되어 수행된다. 플랫폼 이용자 수가 어느 정도 이상이 되면, KAIST 연구플랫폼은 연구 수행뿐만 아니라 연구의 전 cycle 연구과제 공모 → 연구비 수주 → 연구 수행 → 논문 출판 및 연구 검증에 역할을 하는, 자생적 연구플랫폼이 될 것이다.

의료 관련 기술의 발전으로 100세 시대를 넘어 200세 시대에 맞는 다양한 취업과 창업의 기회를 가지는 연구가 필요해진다. 2071년 KAIST 캠퍼스는 여전히 기초 원천 기술과 응용 연구를 할 수 있는 교육과 연구 기회를 제공하나, 인간의 기대 수명이 100세 이상으로 늘어나고, 암이 정복된 상황에서, 본인의 행복과 만족을 위해 평생 3~4가지 전문 분야를 선택하여 활동한다. 이 과정에서 새로운 전문 분야 집중 교육이나 창업을 위한 준비를 위해 KAIST에서 집중적인 교육과 연구 수행을 하게 된다.

미래변화 핵심동인	KAIST에 미칠 영향
복합인간	– 교육대상의 확대: 인간뿐만 아니라 AI–인간을 교육 – 교육주체의 변화: AI 교수/조교 활용 확대 – 교육내용의 변화: 지식과 기술을 교육하고 전달하는 것에서 벗어나서, 사람과, AI, 환경 등 다양한 주체와 함께 조화롭게 공존할 수 있는 방안 연구 – 국제화 형태의 변화: 인간뿐만 아니라 AI–인간과 교류 및 네트워킹 – 언어 환경 변화: 자동번역기/통역기, 뇌파 통신 등으로 다양한 언어 구사 가능 – 인간에 의한 교육 및 연구가 아닌, 거대 서버 및 데이터 센터만 존재하는 AI에 의한 연구기관 – 인간 중심이 아닌 시스템 중심의 기관: 인간이 새로운 기술을 학습하고 활용하기에는 지식 발전 속도가 너무 빠름
과학기술 혁신	– 인류 난제에 대해 함께 공감하고, 과학적 방법론과 인문학적 소양을 바탕으로 인재를 양성하고 학문과 기술을 발전시키기 위한 교육 내용과 방법론 연구 – 메타/지하/해저/우주 공간에 캠퍼스 분교 설치 – 과학기술혁신의 속도가 빨라져 기술의 수명 주기가 극단적으로 짧아져 연구자의 조기 은퇴 – 특이점이 올 때마다 기존 지식의 활용성이 떨어지는 데 반해 수명은 길어져 지속적인 재교육 필요. 10년마다 대학에서 새로운 학위를 받아야 하는 사회

미래변화 핵심동인	KAIST에 미칠 영향
인구구성 변화	– 인구감소와 고령화로 전통적 의미의 캠퍼스, 교수, 학생의 구성이 아니라, KAIST 공동체 각 구성원이 서로에게 배우고 가르치는 유기적인 교육 및 연구 – 아프리카 대륙 출신 학생의 증가 – 인공지능 시대에 잘 적응한 한국의 위상은 매우 높아 세계 각국으로부터 이민자 및 유학생이 급격히 늘지만, 출산율은 낮게 유지되어 다민족 사회가 됨 – 단일민족 성격이 큰 노년층과 다민족 성격의 청년층 사이의 문화적 갈등이 있으며, 대학 내에서도 비슷한 양상
현실가상 공존	– 현실의 신체적, 물리적, 물질적인 제한에서 벗어나 자유롭게 공부하고 연구할 수 있는 환경 마련 – 지리적, 환경적 제약에 국한되지 않는 세계적인 공동 교육 및 협력 연구 – 현실/메타 공간에서 국제협력 연구 실시 – 더 강해지고 잦아지는 대규모 전염병의 영향으로 대면 접촉을 기피하고 가상공간 및 가상세계를 통한 인적 교류가 확대되고 일반화됨
인류정주 환경확대	– 지속적인 기후변화 속에서 인류가 오랫동안 지구 및 우주와 공존할 수 있는 혁신적인 기술, 정책, 문화를 교육 – 메타/지하/해저/우주 공간에 캠퍼스 분교 설치

미래변화 핵심동인	KAIST에 미칠 영향
경계해체	– 초연결 시대 기술의 사회적, 윤리적 영향을 이해하는 새로운 시대의 리더 및 기존의 시스템을 바꾸고 새로운 시스템을 만드는 'changer' 양성 교육 – 마일리지 개념의 학위와 인증서가 발급되고 다양한 니즈에 맞춰진 다중언어 수업 및 연구가 수행 – 학문 간, 산업 간, 기관 간, 더 나아가 국가 간 경계와 장벽이 모호해지면서 정보와 인력의 이동의 수준이 지난 수백 년간 경험해 보지 못한 속도로 가속화 – 핵심 솔루션을 제공하는 글로벌 IT 플랫폼 기업 대부분이 영업이익과 영향력을 보이면서 지속 성장했듯이, 대학도 교육/연구/산학에 경쟁력 있는 플랫폼을 제공할 수 있는 소수의 글로벌 기관이 주도 – 특히 정부의 지원과 지시를 따르며 여러 가지 규제에 얽매여 있는 대학과 연구소가 이러한 변화에 가장 취약할 것이고, 독과점 지배력을 가지고 있는 기업이 교육과 연구의 범위를 확장하면서 더 큰 경쟁력 확보를 할 것으로 예상 – 다른 한편으로 국경을 넘어서는 인력과 자본의 이동이 일상화되고 가속화되면서 경쟁력 있는 인력과 자본은 지금 시점보다 더 높은 경쟁 우위를 가지게 될 것 – 동시통역기 대중화로 국제적 소통의 장벽이 사라짐 – 가상과 현실의 경계가 사라짐
환경기후 변화	– 기술이 인간, 사회, 환경, 역사에 미치는 다양한 영향에 대한 교육 및 연구 – 기술이 창출하는 가치와 함께 기술을 활용하는 데 필요한 자원에 대한 책임에 대한 교육 – 지하 공간의 주거화와 전 세계 지하 및 해저 도시의 연결로 전 세계 캠퍼스 내 이동이 편리해짐

미래변화 핵심동인	KAIST에 미칠 영향
세계질서 개편	– 한국과 KAIST의 높아진 국제화 역량을 기반으로 탈지역, 탈경계 대학 시대에 세계를 선도하는 도전적이고 창의적인 교육 및 연구 – 극동에 위치한 한국과 KAIST의 지역적인 제한에서 벗어나, 세계적인 대학, 기업 및 연구소와 긴밀하게 협력하여 공동교육 및 연구 – 전 인류 공동체를 위한 기술 교육 – 미국 및 중국 중심의 질서가 점점 분권화되고 평등화되어 다양한 세계 시민들의 니즈를 고려한 캠퍼스 환경을 제공하게 됨 – 통일한국을 비롯한 동아시아가 세계 경제, 정치, 문화 등을 선도 – 남북통일 후 북한지역에 과학기술특성화대학(IST) 설립 및 일부 대학의 이전
소유/화폐 체제변화	– 자유의지에 의한 교육 참여, 모든 구성원이 서로에게 배우고 가르치는 공동체로서 교육비도 다양한 방식으로 변화 – 등록금/수업료 체제의 변화 – 데이터와 인공지능알고리즘 및 서버 등을 독점하는 거대 자본의 경제적 사회적 지배력과 영향력 확대 – 국가의 역할과 영향력 축소
에너지체제 변화	– 가파르게 변화하는 기후 환경 및 에너지 위기 속에서 지속가능한 세상을 위한 발전이란 문제를 인식하고, 이의 해결을 위한 혁신 기술 교육 – 친환경적인 핵융합 기술의 성숙과 저전력 이동수단과 인공지능 기술로 에너지 걱정 없이 모든 캠퍼스의 에너지 수요를 충족시키게 됨

KAIST
100년의 꿈

6장

BRAIN Campus

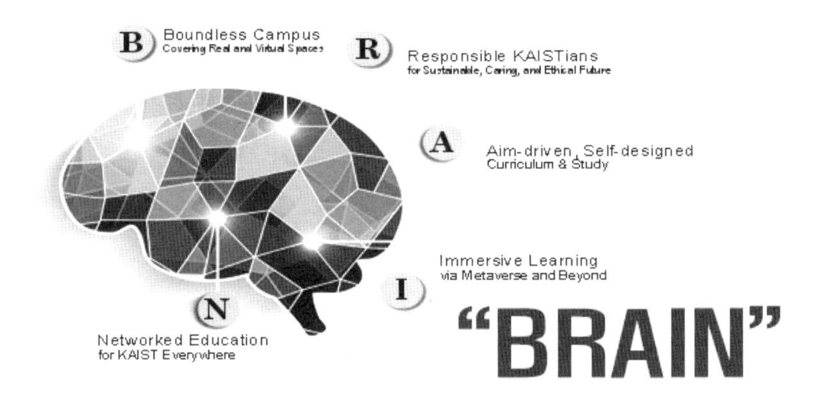

2071년 미래의 교육은 공간과 시간, 학과 등 기존에 우리에게 주어진 경계를 초월한 다이나믹한 모습을 띌 것이다. 미래 KAIST 교육의 모습과 지향하는 바를

- **B**oundless Campus현실세계와 가상공간을 넘나드는 무한한 캠퍼스,
- **R**esponsible KAISTians지속 가능하고, 배려하며, 윤리적인 미래를 지향하는 카이스트인,
- **A**im-driven, Self-designed Curriculum목표 지향적이고 스스로 디자인하는 교육과정,
- **I**mmersive Learning메타버스 등 초실감 교육기법을 통한 몰입형 학습,
- **N**etworked Education for KAIST Everywhere시공을 넘어 서로 연결된 교육 환경

의 첫 글자를 따서 'BRAIN' 캠퍼스라 칭한다.

현실과 가상을 넘나드는 캠퍼스

KAIST 교육의 50년 후 모습은 여러 측면에서 물리적 경계를 뛰어넘는 자유롭고 동적인 체계가 될 것으로 전망된다. 특히 현실 세계뿐 아니라 가상공간에도 존재하는 캠퍼스는 시간과 공간의 제약 없이 KAIST의 교육을 전 세계인에 제공할 기회이다. 지난 2년간 COVID19 팬데믹 상황을 겪은 세계는 가상공간의 교육 환경을 선택이 아닌 필수로 받아들이고 있다. 처음에는 불편함이 크고, 누구나 예전의 캠퍼스 상황을 그리워했지만, 점차 가상공간에서의 교육에 익숙해져 가며, 이것이 줄 수 있는 기회에 눈을 떠가고 있다.

가상공간의 캠퍼스를 잘 활용한다면, 전 세계의 영재들이 KAIST에 입학하고, 본인의 희망과 여건에 따라 공간과 시차의 제약 없이 학습할 수 있는 '전 세계인의 KAIST'를 구현할 수 있다. 점차 줄어드는 국내 출산율을 고려할 때, 가상 캠퍼스가 주는 글로벌화의 기회는 더욱 매력적인 옵션이 아닐 수 없다. 또한, 한 학기 16주에 맞추어 짜인 시간의 틀 없이 본인의 학습 역량에 따라 더 빠르거나 더 천천히 진도를 밟아 갈 수 있을 것이다.

물론 이러한 이상이 단순히 가상공간에 동영상 강의를 모아 놓는 것만으론 구현되지 않을 것이다. 그 핵심은 가상공간에서도 현장 강의에 버금가는, 아니 그 이상의 만족을 주는 교육 경험을 제공하는 데 있겠다. 2071년의 KAIST는 가상공간에서의 교육 환경을 고도화하고 이에 대응하는 초실감 콘텐츠의 개발, 인공지능 기반의 분석과 AI 교수진/조교가 포함된 확장된 패컬티로부터 '언제 어디서나 멘토링'을 받을 수 있는 환경을 통해, 전 세계 유수의 대학들과 어깨를 나란히 하는 세계인의 KAIST로 자리매김할 것이다.

윤리적인 미래를 지향하는 카이스트인

1971년 KAIST가 설립될 때는 기반 산업이 거의 없던 대한민국에서 과학과 기술에 기반한 산업화를 이끌어내는 것이 그 주목적이었다. 다가올 미래 세계 속의 KAIST의 미션은 대한민국의 경계를 넘어, 지구 환경, 온 우주가 함께 공존할 수 있는 기술을 개발하고, 인류의 문제를 해결해 가는 것이다. 이런 시대적 소명을 다하고자 하면, 과학기술의 발전과 더불어, 그 기술이 사회와 인류에 미치는 영향력과 의미를 이해하고 고민하고 개선할 수 있는 인문학적 교육이 강화되어야 할 것이다. 2071년의 KAIST는 자유로운 교육 체계, 과학적 방법론과 인문학적 소양을 바탕으로 인재를 양성하고, 국소적인 가치관이 아니라 인류와 함께 공존하는 궁극적인 융합인재를 양성하게 될 것이다. 사람과 AI, 동물, 지구 환경, 온 우주가 함께 공존할 수 있는 지속 가능한 미래를 지향하고, 서로에 대한 존중과 배려로 세상을 따뜻하게 하며, 높은 윤리의식을 함양한 KAIST는 진정한 세계 속의 교육기관으로 자리매김하게 될 것이다.

스스로 디자인하는 교육과정

"Properly implemented AI-based education technology should make teachers and instructors focus on their real roles and enable tailored to each of the students..."

– **이동석** ㈜티맥스 에이아이 대표, KAIST 동문

시험이라는 일률적인 방법을 통해 학생의 학업 성취도를 단면적 평가하는 기존의 방식과 달리, AI 기술 등이 도입된 미래의 교육은 학생의 이해 정도와 성취도를 다면적이고 개별적으로 평가 분석하게 될 것이다. 이와 더불어, 자동화된 평가 및 분석 시스템은 교육자의 부담을 줄여 그 본연의 임무에 더욱 집중할 수 있도록 하며, AI의 도움 속에 궁극적으로는 개별 학생의 진도와 이해도, 주요 관심 내용에 맞춘 교육을 제공할 수 있는 토대를 마련하게 된다.

이런 환경에서는 동시에 진행되는 일괄된 진도와 학사일정은 더 이상 모든 학생에게 적용되지 않을 것이다. 학생은 자신이 가진 궁극적 질문 및 목표에 따라, 자신의 역량이 부족한 분야와 문제해결에 필수적인 분야들 중심의 자율적 커리큘럼을 설계하고, 이에 맞

는 교수진을 통해 최적의 교육을 받을 수 있다. AI 등 선진 교육시스템의 도움을 받되, 학생은 자신이 정한 목표를 이루기 위해 스스로 본인의 교육 프로그램을 설계하는 메인 플레이어가 된다. 온, 오프라인 및 가상과 현실 공간 속에 이뤄지는 교육 환경은 시간과 공간의 제약을 줄여주어 학생 맞춤형 커리큘럼의 진행을 더욱 용이하게 한다.

문제 중심적인 커리큘럼은 여러 학제에 걸친 융합 교육 및 협업형 커리큘럼이 될 가능성이 크다. 미래의 문제들은 그만큼 한 분야의 지식이나 한 사람만의 힘으로는 해결되지 않는 고도화된 내용이 많기 때문이다. 미래 카이스트의 교육시스템은 매우 유연하고 학제적인 동시에 개인맞춤형 커리큘럼이 가능한 시스템 속에, 인류가 직면하는 고도의 난제들을 풀어가는 이상적 시스템으로 발전해 갈 것으로 기대된다.

초실감 교육기법을 통한 몰입형 교육

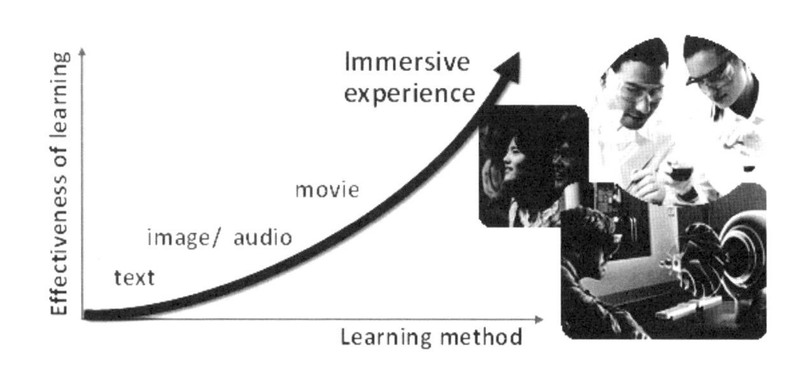

온, 오프라인의 가상공간과 현실공간을 넘나드는 교육을 위해선 무엇보다도 온라인 가상공간에서의 교육의 효용성을 높이는 것이 필수적이다. 온라인 교육은 시간과 공간의 제약을 벗어나게 해준다는 점에서 이미 그 효용적 가치가 크나, 학문적 원리나 그 응용방법을 배우고 이를 자기 것으로 체화토록 하는 교육 본연의 목표를 달성하지 못한다면 한계가 있을 수밖에 없다.

우리가 어떤 내용을 학습할 때 가장 중요한 것은 해당 내용에 몰입하고 집중하는 것이다. 그런 의미에서 글로만 배우는 것보다는 보고 듣는 것이 수반되면 더욱 효과적이고, 무엇보다 직접 경험하고 느낄 수 있다면 더욱 좋을 것이다. 이런 의미에서 현장에서의 체험형 교육의 의미는 미래에도 여전할 것이다.

다만 대부분 글에 의존하고 실험이나 실습, 체험형 디자인 수업 등은 상대적으로 부족한 작금의 교육 현실은 가상, 증강, 혼합현실 등 메타버스 환경이 제공하는 교육기법의 확대와 함께 훨씬 더 확대되어, 많은 부문에서 'Immersive Learning'이 가능할 것이다. 특히 단순한 영상을 뛰어넘는 초실감 가상 실험의 등장으로, 캠퍼스에서 구현하기 힘든 수준의 거대 및 미시 스케일을 포함하는 가상 체험 교육을 가능케 할 것이다.

'KAIST Everywhere' 교육 네트워크 구현

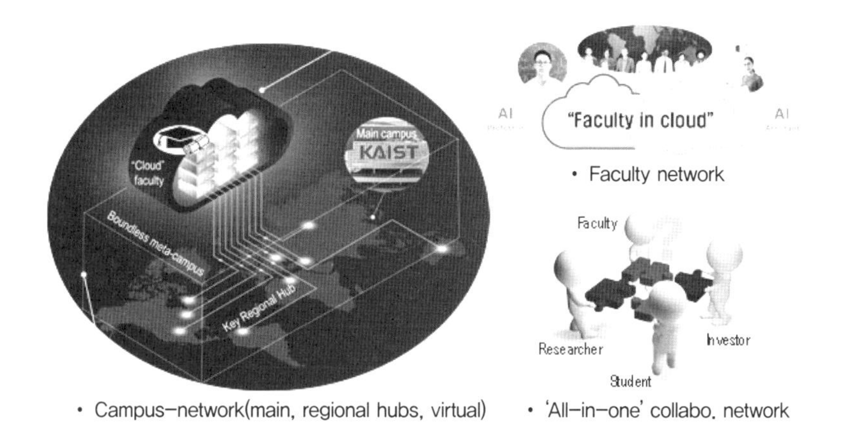

• Campus-network(main, regional hubs, virtual) • 'All-in-one' collabo. network

앞서도 기술한 대로, 미래에는 환경, 에너지 등 해결해야 할 문제가 더욱 고도화되면서, 고정된 학과별 교육 커리큘럼보다는 융합 교육의 유효성이 더욱 증가하여 융합 교육은 선택이 아닌 필수 요건이 될 것이다. 현실 공간에서의 KAIST 캠퍼스는 대전의 메인 캠퍼스를 주축으로 국제적으로 지역 허브 캠퍼스가 주가 구축될 것이다. 물론 가상공간상의 KAIST 캠퍼스 또한 존재하므로, 크게 세 개의 캠퍼스 네트워크를 구성하게 될 것이다. 이런 환경에서

KAIST의 교수진은 대한민국에 특정되지 않은 전 세계의 우수 연구진 및 교육진이 참여하는 형태가 될 것이다. AI 교수와 AI 조교가 추가될 수도 있겠다.

전 세계에서 참여하는 교수진은 전문성에 따라 모인 'Faculty Cloud'로 존재하다가, 필요에 따라 전문가 그룹이 수시로 구성되는 교육 환경이 조성될 것이다.

캠퍼스를 잇는 네트워크뿐 아니라, 교육 공동체로서의 구성원 간 인적 네트워크도 중요한 변화가 있을 것으로 예상된다. AI와 무크 등 오픈소스형 강의, 동영상 기반의 강의 라이브러리 등이 잘 갖추어지면, 학생과 교수 관계는 단방향 지식 전달에서, 창의적인 영역에 역량을 집중하고 문제해결을 위해 함께 고민하고 협업하는 협력 파트너가 될 것이다. 특히 앞서 기술한 대로 학생주도 학습의 역할이 증대되면서, 학생 스스로가 교육 및 학습을 주도하고 교수는 '코칭'과 '멘토링'의 역할을 주로 할 것이다. 이에 따라 학생-교수, 학생-학생, 학생-'가상의 플레이어' 등의 다양한 상호작용이 강화될 것으로 예상된다.

이 협업적 인적 네트워크는 학생과 교수 사이에서만 일어나지 않는다. 미래의 난제를 푸는 것은 교육이기도 하고 곧 연구이기도 하다. 또 그 성과물은 창업 및 산학협력을 통해 현실화되는데, 그 속도와 빈도가 점점 더 커질 것으로 기대된다. 이를 위해서 학생-교수-연구원-투자자가 'all-in-one' 협력체계를 구축되는 미래의 KAIST가 될 것이다.

7장

미존과 Post-HAE

KAIRE
KAIST All-In-one Research Environment

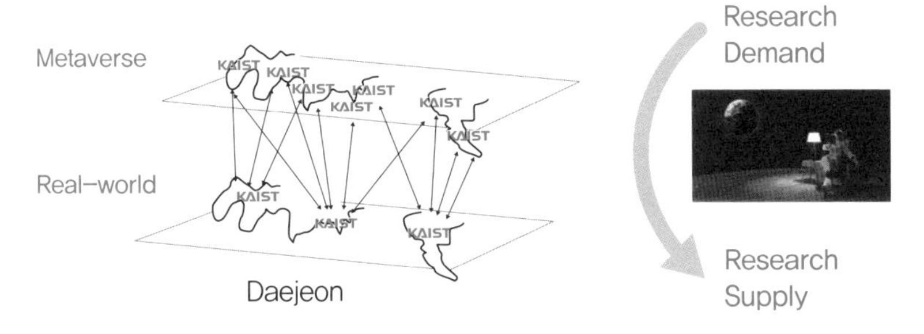

2071년, 어느 따스한 날 남극에 사는 어느 한 노인이 컴퓨터 앞에 앉아 있다. 커피잔을 들고 의자에 앉아 홀로그램 브리핑을 받는다. 그가 제안한 '지구온난화와 펭귄의 서식환경'에 대한 연구과제가 선정되었다는 소식이다. 연구의 제안, 공모, 연구비 지급, 결과 보고, 기술 이전 등 모든 과정이 KAIST All-in-one Research EnvironmentKAIRE 시스템 안에서 가능하다. 그의 연구 과정과 결과는 메타버스 공간에서 시현 및 보고된다. 연구비는 블록 체인Block chain을 통해 그에게 직접 지급되는데, 마치 유튜버들이 돈을 버는 것과 같이 그의 연구제안이나 결과가 다른 논문이나 연구에 인용되면 자동으로 연구비가 증액된다. 만일 기업이 연구 결과를 활용하고자 한다면 해당 연구 결과에 대하여 '좋아요'를 누르면 끝이다. KAIRE 시스템을 통해 세계의 모든 정부, 기업, 연구원들이 연구의 수요자 및 공급자로서 함께 활동할 수 있기에 KAIST의 경계가 사라지며 국제기구로서 위상을 갖게 된다.

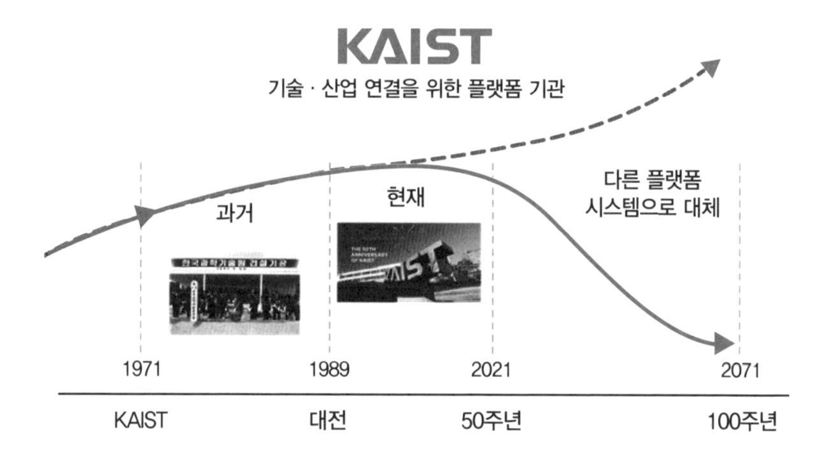

'한국에 세워질 연구소는 세계적인 문제보다는
한국이 당면한 문제를 해결하는 데 집중해야 한다.'

터만 보고서에 기록된 대로 한국 최초의 연구기관인 KAIST의 설립은 전후 최빈국이었던 한국의 근대화를 위한 산업기반 확충을 목적으로 기획되었다. KAIST는 기업이 자본과 인력을 활용하여 통해 새로운 사업을 시작할 때 필요한 요소기술을 국내로 도입하고 산업구조에 맞도록 최적화하는 중개역할을 수행하였다. 세계적인 기술을 필요로 하는 국내 수요자에게 연결했다는 측면에서 이른바 '플랫폼platform' 연구기관이었던 셈이다.

지난 50년간 KAIST는 대한민국의 산업발전을 위해 필요한 과학과 기술을 도입하여 경제발전을 도모하는 실용적인 역할을 충실히 수행하였다. KAIST는 선진국을 빠른 속도로 따라잡기 위한 연구기관으로서 미션을 잘 감당하였고 그 결과 1950년대 세계 최빈국이었던 대한민국은 이제 세계 10위권의 경제 대국이 되었다. 한국이 빠른 추격자fast follower 모델의 성공사례로 이름을 남기게 된 역사적 배경에 KAIST가 있는 셈이다. 현재 KAIST는 세계적인 R&D 유행을 따라잡는 순발력과 해당 기술을 세계 최고 수준으로 업데이트하는 능력으로는 세계 최고 수준이라고 할 수 있다.

그러나 빠른 추격자는 더 빠른 추격자들에게 따라 잡힐 운명이다. 한국은 원천기술의 알맹이가 빠진 양산 기술로 조선, 전자, 자동차 등 20년 이상 주도해 온 제조업 신화가 무너질 위험에 항상 노출되어 있다. 세계 시장의 수출 1위 품목 5052개 중 한국은 64개이고, 중국은 1610개로 1위다. 과학 분야 노벨상 수상자가 없는 것도 우연만은 아니다. 또한 현재 많은 국내 기업들이 KAIST뿐 아니라 세계 다양한 대학과 연구소와 협력하여 연구개발을 하고 있는 현실 그리고 한국의 문제가 세계의 문제, 세계의 문제가 한국의 문제가 되는 한국의 위상변화에 따라 한국 KAIST는 변화의 요구에 직면해 있다.

빠른 추격자에서 초격차 리더로

앞으로 50년, KAIST는 빠른 추격자 모델을 넘어 초격차 리더로서의 역할을 감당하는 기관으로 발전해야 한다. 세계적인 연구개발을 리딩하는 아이템을 창조하는 것이 리더로서의 제일 조건이다. 스웨덴의 카롤린스카 연구소 입구에는 세숫대야 하나가 걸려 있다. 세계 최초의 스테인리스 개발과 특허 성과를 자랑하는 것이다. 구글이 창업될 때 세르게이 브린과 래리 페이지가 개발한 구글 검색엔진에 대한 특허권은 스탠포드 대학이 가지고 있었다. 미국이 R&D의 혁신으로 세계 방위 산업 1위를 하는 것도 MIT의 기술력이 그 바탕이다. 기존에 없었던 새로운 혁신 기술을 개척한 선진기관들에 비해 KAIST 혹은 한국 하면 떠오르는 것이 무엇인지 한마디로 답하기 어렵다.

왜 그럴까? 전통적인 연구개발은 기초연구-응용연구-기술개발의 선순환으로 발전한다. 우리가 경쟁모델로 생각하는 MIT를 비롯한 선진국 기술혁신 대학의 경우 역사적으로 축적된 기초연구결과들을 응용연구 및 기술개발에 연결하는 데 성공한 경우다. 그러나 KAIST를 비롯한 한국의 R&D는 당장 필요한 기술개발development에 목표를 두었고 이미 개발된 기술을 벤치마킹하거나 응용하는 연구research에 방점을 두었다. 전통적인 연구개발 발전 방향을 거꾸로 추진한 것이다. 예를 들어 일본발 소재-부품-장비 사건이 터지면 이를 대체할 기술개발을 추진하고 이에 필요한 연구비가 편성된다. 2016년 알파고와 이세돌 바둑 직후 정부가 1조 원을 인공지능에 투자하겠다고 밝힌 것도 같은 맥락이다.

빠른 추격자 모델에서 가장 취약한 것이 바로 기초연구 분야이다. 학생들에게 한국에서 혹은 한국인에 의해 정립된 법칙이나 이론을 이야기해 보라고 하면 모두 놀라곤 한다. 교과서나 인터넷상의 수많은 이론과 자연의 법칙 중에 메이드 인 코리아를 찾을 수 없기 때문이다. 빠른 추격자들은 기초연구 결과는 벤치마킹하면 된다는 신념으로 기초과학 투자의 필요성을 느끼지 못한다. KAIST가 빠른 추격자로서의 역사적인 가치와 장점을 유지하면서도 세계적인 리더로서 거듭나기 위해서는 기초연구-응용연구-기술개발의 선순환 고리를 완성하는 것부터 시작해야 한다. 이번 제안에서는 KAIST가 새로운 지식의 창조하는 연구소로 거듭나는 전략을 제안하며 이를 실현할 수 있는 구체적인 방안을 함께 고민하고자 한다.

미존(未存), 미래연구 핵심가치

부존 연결(Liminal links)?

KAIST

Science --- Engineering

지난 20년간 한국과학기술의 중요한 화두는 '융합'이었다. 단순 융합이 아니라 '화학적 융합'을 해야 한다든지 '통섭'을 해야 한다는 주장이 나오는 이유다. 지난 50년간 KAIST 연구의 역사도 융합의 결과이다. 원자력 및 조선, 반도체, 게임 산업을 한국에서 태동시키기 위해 KAIST 혹은 KAIST 출신 연구진들은 자신의 학문을 고수하는 데 그치지 않고 다양한 분야를 접목하고 협력하고 응용하여 놀라운 성과를 거두었다. 앞으로 50년은 현존하는 대상이나 분야의 융합에 그치지 않고 융합연구의 원천이 되는 새로운 존재를 창조한다는 철학과 비전을 가지고 미래연구를 설계해야 한다.

미존이란?

누구나 어릴 적 하늘과 우주의 경계는 무엇일지 누구나 생각해 본 적이 있을 것이다. 세상에 '무엇'이 존재하는 방식은 존재와 미존재가 있다. 사물들이 존재라고 한다면 사물과 배경의 경계는 미존이다. 공간이 존재라 한다면 특정 공간과 공간의 경계 역시 미존이다. 연결된 두 존재가 있을 때 연결이라는 개념도 미존이다. 예를 들어 수소H_2 분자는 두 개의 양자H^+의 공유결합에 의해 생성된다. 두 개의 양자가 전자를 공유하는 것이 공유결합이다. 그러나 공유전자의 위치, 즉 두 양자의 연결 부위는 불확정성의 원리에 따라 특정할 수 없다. 특정할 수 없기에 미존이며 그래서 우리는 그것을 '연결'이라고 부른다.

미존의 세계는 일상에서 볼 수 있다. KAIST는 몇 년 전 담벼락을 없앴는데 여기에 벚꽃 산책로가 생겨 대전의 명소가 되었다. 존재하지 않거나 모호했던 KAIST와 대전시의 경계에 새로운 존재가 탄생한 것이다. 4차 산업혁명 시대 미존의 공간, 경계, 연결을 활용한 산업이 부흥하고 있다. 블루오리진과 버진갤럭틱은 모호한 하늘과 우주의 경계에 여행 공간을 창출하였다. 이른바 '준궤도 우주여행'이다. 완전 우주여행은 산소공급 등의 문제로 위험성이 크지만 하늘과 우주의 경계면, 즉 카르만 경계지상 80~100km에서는 보다 안전한 여행이 가능하다. 또한 사람과 사람, 소비자와 생산자의 경계에서 이를 중계하는 플랫폼 기업이 미존산업의 훌륭한 예이다. 세계 매출의 1~5위권을 구글, 아마존, 페이스북 등 플랫폼 기업들이 차지하고 있다. 쿠팡은 코로나 사태를 맞아 생긴 언택트 문화 속에 넓어진 소비자와 판매자의 경계를 파고들어 당일배송 서비스를 개발하므로 국내 모든 유통업계의 선두로 발돋움하였다.

미존 공간(Liminal spaces)?
존재와 존재의 경계

미존 세계의 창조는 두 영역의 단순한 융합으로 이루어지지 않는다. 오히려 두 영역이 확고한 정체성을 가지고 있으면서 각 영역에 대한 기초지식이 확고할 때 그 경계면의 존재가 확실히 인식되고 새로운 존재가 그 속에서 탄생하는 것이다. 단순한 융합이 응용과학이라면 미존의 개척은 기초과학과 응용과학의 협업을 통해 이루어진다.

KAIST는 미존의 영역을 연구하고 창조하는 데 대단한 잠재력을 지니고 있다. 설립 당시부터 과학Science과 공학Engineering의 경계와 긴장을 유지하고 있었고 지난 50년 역사에서 과학과 공학의 화두 속에서 많은 고민을 해왔다. 당신이 과학자인지 공학자인지 물으면 답변하기 곤란해하는 교수와 연구자들이 바로 KAIST인이다. KAIST인들은 연구와 산업, 자아실현과 국가발전, 교육과 연구 등 경계면에서 존재하는 문제들을 다루어 왔다. 이런 KAIST만의 경험과 노하우를 살려 이제는 보다 궁극적인 경계면들을 연구목표로 다룬다면 그것 자체로 세계적인 것, 최초의 것이 될 것이다.

포스트 해(POST-HAE), 미래연구 핵심테마

2021년, KAIST 이광형 총장은 '최고보다 최초', '현존하지 않는 미래연구'를 KAIST 연구의 비전으로 밝힌 바 있다. 최고가 되는 방법을 익힌 50세의 KAIST가 이제는 최초의 것들을 창조하는 연구기관으로 거듭나야 한다는 위기감과 철학이 반영된 것이다. 본 제안서에서는 인간, 인공지능, 에너지 연구의 미래 테마인 POST-HUMAN, POST-AI, POST-ENERGY를 아우르는 POST-HAE를 키워드로 KAIST 미래연구 비전을 소개하고자 한다.

① 해(sun)와 같이 근본이 되는 연구

해는 지구상의 모든 존재의 근원이다. 식물, 동물, 그리고 인간이 만든 모든 것은 태양에너지가 형태와 모양을 바꾼 것에 지나지 않는다. 지난 50년간 KAIST는 인간을 잘 살도록 하는 기술을 개발해 왔지만 향후 50년은 자연과 인간이 함께 잘되는 근본적인 기술을 연구할 것이다.

② 해법을 찾는 연구

존재하는 해법을 보다 세련되고 실용적으로 발전시키는 것도 중요하지만 향후 50년은 최초의 해법, 미존의 해법을 찾아내는 것에 방점을 두고 연구개발을 해야 한다. 또한 할 수 있는 연구can do가 아닌 해야 하는 연구must do 주제를 목표로 해야 한다. 이것을 위해서는 최초의 질문, 미존의 질문을 만들어내는 기초과학의 역량이 필수적이다. KAIST는 교육 및 연구 인프라 혁신으로 4차 산업혁명 시대 핵심 질문과 해법을 찾는 기초과학 및 응용과학의 구조적인 협력체계를 강화해야 한다.

③ 해라! (Just do it)

남들보다 먼저 실행한다는 것은 위험성이 크다. 시행착오를 줄이는 방법은 먼저 하지 않고 잘되는 방법을 따라 하는 것이다. KAIST는 지난 50년간 축적한 잘되는 방법에 대한 노하우를 기반으로 남들보다 먼저 실행하지만 시행착오를 줄이는 전략을 구사해야 한다. 삭막한 연구실 담벼락을 보고만 있는 것이 아니라 오늘 바로 작은 아이비 나무를 심어 향후 50년간 자라 온 벽을 덮을 계획을 실행에 옮겨야 한다. KAIST 연구의 미래는 오늘부터 시작될 것이다. 이를 위해 장애물이 되는 각종 규제와 행정절차를 능동적으로 개선하고 보완하는 것이 시급하다.

포스트 인간 연구(POST-Human research) : "삶과 죽음의 경계에서"

인간은 지구 경영의 주체이다. 과학기술의 발전은 인간에 의한 인간을 위한 인간의 활동이라 할 수 있다. 과거의 인간은 자연을 개척하여 자신의 안위와 건강을 유지했다면 현재의 인간은 자신을 이해함으로 그 목적을 달성하고자 한다. 인간에 대한 이해는 새로운 인간형을 창출하게 될 것이다. 이를 위해 KAIST는 인간이 당면한 운명과 능력의 한계 속에서 연구주제를 발굴하고 이에 대한 해답을 찾는 연구를 수행할 것이다.

Young-Aged liminal space

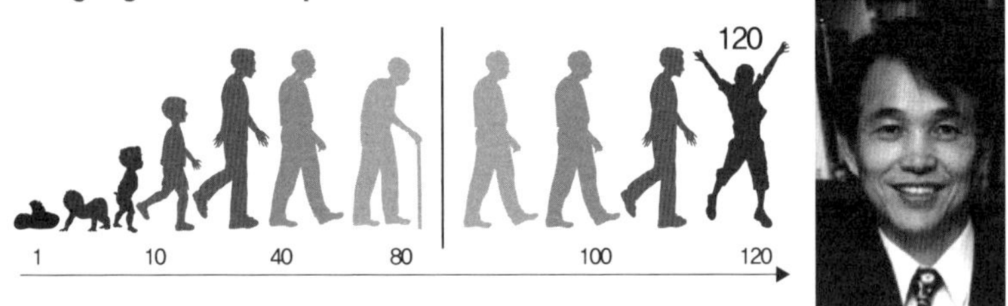

- Reverse Healthcare: Age 120 with working ability
- Post-medicine: Gene theraphy, Cell & organ replacement thraphy
- A Life-long diagnosis of mental & body health
- Avatar: Robotic working system instead of me

| 역노화 헬스케어(Reverse Healthcare)

현대사회의 보건과 의학의 발전으로 인간의 수명은 120세를 향하고 있으며 50년 뒤 인간의 평균수명 100세를 달성하게 될 것이다. 그러나 생명체로서 인간은 생명과 죽음의 경계 속에서 살아가며 젊음과 노화의 돌이킬 수 없는 한계 속에서 살아가고 있다. 정해진 수명life span 안에서 건강하게 지내는 시간인 건강수명health span을 증가시키는 것이 현대과학의 목표라면 미래과학은 노화를 역전시켜 젊음 수명youth span을 증가시키는 것이 목표가 될 것이다. 노화생물학의 발전과 유전자 편집기술의 발전으로 타고난 수명의 한계를 극복하는 기회가 다가오고 있다.

미래 의학(Future medicine)

지금까지 질병 치료 약물들은 저분자 화합물이었다. 코로나 사태를 맞아 개발된 RNA 백신을 기반으로 본격적인 유전자 치료시대가 도래하였다. CRISPR 및 AntisenseoligoASO 기술이 난치병 치료에 본격적으로 활용되기 시작하였다. 일부 대기업 제약사들이 전통적인 저분자 화합물은 더 이상 개발하지 않겠다고 선언할 정도이다. 유전자–세포–장기의 생물학적 발달단계를 고려하면 유전자 치료제 이후는 세포 및 장기대체 치료Cell & organ replacement therapy가 대세가 될 전망이다. KAIST는 KI 연구소 중심으로 청노화 사업을 개시하고 2021년에는 세포치료센터를 출범하는 등 향후 세포와 장기를 교체하여 건강과 젊음을 유지하는 연구개발을 준비하고 있다.

평생진단(Life–long diagnosis)

미래진단은 질병 사후가 아닌 사전에 이루어진다. 개인의 질병위험도와 생리학적 지표들이 20대 이후에는 지속적으로 모니터링된다. 이를 위한 다양한 생체부착형 센서들과 빅데이터 분석 기술들의 발전이 요구된다. 마이데이터My data로 명명된 평생 기록기술은 한 인간의 모든 여정을 기록하는 것으로 데이터가 축적될 경우 유전자 분석과 함께 질병의 원인과 건강한 삶을 유지하는 방법에 관한 중요한 단서를 제공할 것이다.

아바타 기술(Avatar software & robotics)

내가 움직이지 못할 때 혹은 사후에도 나의 사회적 기능이 남을 수 있을까? 이를 가능하게 하는 것이 아바타 기술이다. 나의 인격과 경험과 능력을 담아내는 로봇이나 인공인격이 존재한다면 내가 해야 하는 업무를 대신할 수 있게 된다. 메타버스 및 디지털 트윈 기술의 발전, 그리고 뇌-컴퓨터 인터페이스 기술로 인해 인간의 한계인 삶과 죽음의 경계는 적어도 기능적인 차원에서 극복될 수 있을 것이다. KAIST는 휴보를 비롯해 다양한 로봇개발 기술을 축적해 왔으며 나노 및 전기-전자 공학자들이 생체와 컴퓨터를 연동하는 기술들을 개발하고 있다.

POST-AI
: 인공지능과 자연지능의 경계에서

2016년 세계경제포럼에서 클라우스 슈밥 회장은 인공지능을 기반으로 하는 4차 산업혁명 시대 개막을 선언했다. 그해 3월 알파고와 이세돌의 바둑경기를 통해 일반인들도 인공지능의 시대가 도래하였음을 체감하였다. 다만 그것이 무엇을 의미하며 앞으로 가져올 다양한 파급효과에 대해서는 예측하기 어려운 영역에 있다. 세계가 인공지능 시대를 맞아 다양한 연구개발을 준비해야 할 때 KAIST는 한발 앞서 이광형 총장이 언급한 이른바 POST-AI 시대를 설계하고 주도해야 한다. POST-AI 시대는 인공지능과 그것을 활용하는 자연지능 즉, 인간과의 간극을 메우는 기술이 필요하다. KAIST 인공지능과 자연지능의 간극을 메워 인간과 동행하며 협력하기 위한 다양한 연구개발을 시도해야 한다.

AI-Brain liminal space

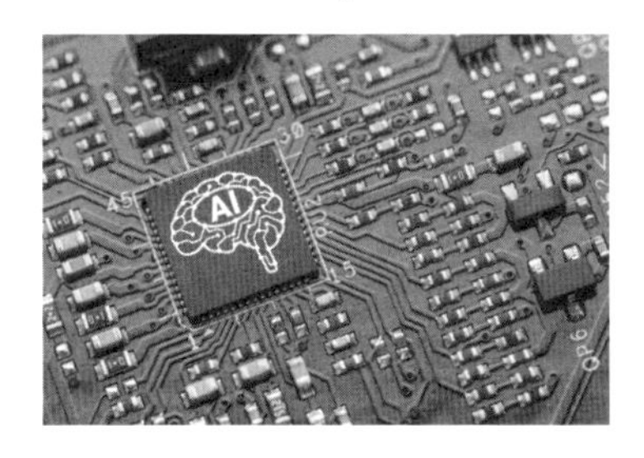

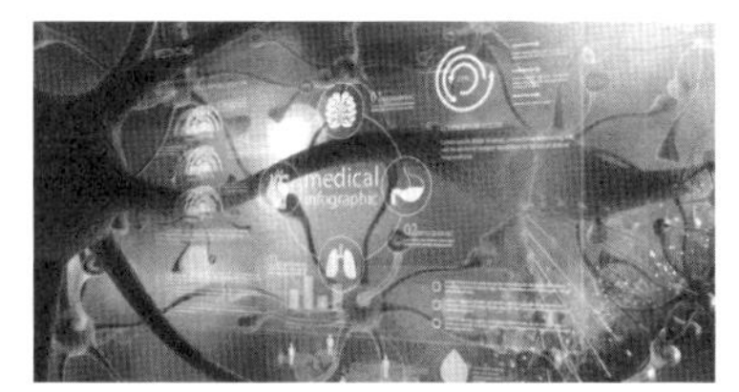

Work together for the world-wide unsolved problems

- AI-Brain interaction & communication
- AI with emotion, ethics, and personality
- Magna Carta for AI 인공지능 권리장전

인공인격 기술(AI with emotion & personality)

인간이 인공지능과 상호작용하기 위해서는 인공지능이 감정, 윤리, 인격과 같은 요소를 겸비해야 한다. 이는 단지 인간의 일부 지적 활동을 대체하기 위한 현재의 인공지능기술을 넘어서는 것이다. 2022년 CES에 등장한 AMECA는 인간과 같이 표정으로 감정을 표현한다. 그러나 AMECA는 본인이 로봇으로서의 정체성을 가지고

의사 표현을 한다. "몇 살이냐"고 물으면 AMECA는 "그것은 매우 인간적인 질문이다. 나는 로봇이며 로봇에게 시간과 나이는 크게 중요하지 않다"라고 답변한다.

인공지능 윤리 및 권리장전(Magna Carta for AI and Ethics)

인공지능이 인격을 갖춘다는 것은 스스로 의도를 가지고 행동할 수 있음을 의미한다. 따라서 인공지능이 인간과 공존하기 위한 권리와 의무 그리고 윤리에 대해서 기준과 사회적 합의가 필요하다. 인공지능은 사람이 아니기에 인공지능에 관한 법률적인 기준들은 소프트웨어적으로 인공지능에 삽입되어야 한다. 이러한 장치는 블록체인과 같이 누군가 인위적으로 조작할 수 없도록 보안이 필요하며 다양한 상황에 윤리적인 기준을 적용할 수 있도록 기능을 갖추어야 한다.

뇌-인공지능 상호작용(AI-Brain interaction) 기술

인공지능은 자연지능보다 고용량의 데이터를 처리하면서 그 결과 인간이 상상을 넘어선 분량의 고차원 데이터를 생산한다. 인공지능이 아무리 발전해도 인간이 이해할 수 없다면 발전의 한계가 분명하다. 인간이 가진 질문의 뜻을 인공지능이 이해하고 작업을 수행하며 인공지능이 생산한 데이터를 인간이 이해하기 쉽도록 설명하는 연결기술이 필요하다. 이것은 뇌와 컴퓨터를 직접 연결하는 인터페이스가 될 수도 있고 인공지능이 언어적인 능력을 갖추어 인간과 소통할 수도 있다.

POST-Energy
: 에너지 생산자와 소비자의 간격

KAIST가 설립되면서 가장 먼저 시작한 연구개발이 원자력이었다. 그 결과 한국은 원자력 발전소 설계 및 건축 분야에서 세계 최고 수준을 자랑하게 되었다. 특히 소형 원자로 부문에서는 다수의 원천기술을 보유하고 있다. 인류의 역사는 에너지를 다루는 기술의 역사이며 미래도 다르지 않을 것이다. 향후 10년 확실한 변화는 전기에너지의 수요가 급증한다는 것이다. 알파고가 이세돌과 바둑을 둘 때 원자력 발전소 하루 생산 분량의 10%를 사용했다고 한다. 인공지능이 사회 전반에 활용되고 전기자동차가 운용되는 미래에 에너지 문제는 눈앞에 다가온 현실이다.

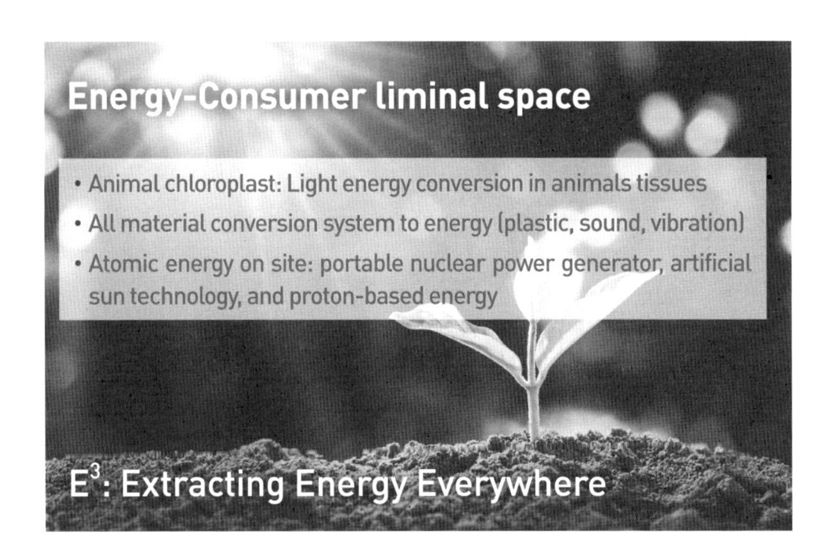

현장 에너지 기술(On-site energy production)

현재 주력하고 있는 풍력 및 태양열 같은 친환경 에너지들은 산업용으로 활용하는 데 한계가 있다. 지구온난화를 막기 위한 저탄소 정책으로 기존의 화력발전은 수요를 감당하는 데 한계가 있다. 원자력 발전과 수소에너지 등 대량의 산업용 에너지를 생산할 수 있는 시스템을 초소형화하여 대중교통이나 운송수단에 적용할 수 있도록 하는 기술이 필수적이다. KAIST는 에너지 효율을 극대화하기 위해 에너지 소비자가 현장에서 에너지를 생산하고 활용하는 On-site 기술을 개발할 것이다.

인공광합성기술(Animal chloroplast)

50년 뒤 인류는 여전히 식량문제를 걱정한다. 식물이 엽록체의 기능으로 태양에너지를 화학에너지로 변환하는 광합성이라 한다. 광합성의 결과 식량이 만들어지는데, 기후변화와 환경파괴로 식량생산의 효율성이 떨어지게 된다. 만일 인간이나 가축이 태양광을 바로 에너지로 사용할 수 있다면 그만큼 식량문제로부터 자유로워질 것이다. 나노소재 등을 이용하여 식물의 광합성을 모방하는 인공광합성 기술이 개발 중에 있다. 미래에는 인공광합성 기술이 동물의 생체에 적용되어 기본적인 영양분을 제공하는 기술이 발전할 것이다. 이로 인해 식량부족 문제를 해결하고 농업을 위한 자연의 파괴를 막을 수 있다.

❙ 에너지 전환 환경기술

인간이 개발한 제품들이나 물질들이 분해되기까지 오랜 시간이 걸린다는 것이 환경오염 및 생태계 파괴의 주요 원인이 되고 있다. 특히 플라스틱과 같은 고분자 화합물은 다양한 생활용품으로 대량 생산되어 폐기되고 있는데 선순환의 한계에 도달한 상황이다. 인간이 생산한 물품들을 다시 에너지로 전환하여 재활용할 수 있는 기술이 개발된다면 모든 문제는 사라진다. KAIST KI 연구소에서는 다양한 물질들을 분해할 때 나오는 에너지를 활용하여 석유나 기타 에너지를 만드는 기술을 연구하고 있다. 이를 더욱 발전시켜 인간의 활동이 완벽하게 생태계의 일부가 되어 지구와 자연의 지속성sustainability을 보장하는 연구개발이 필요하다.

KAIST

100년의 꿈

8장

미래를 준비하는 KAIST

미래를 위한 KAIST 교육

변화하는 미래가 주는 기회는 KAIST만의 것이 아니다. KAIST의 주요 무대가 대한민국에서 세계로 넓혀지듯, 세계 각국의 주요 대학들에도 동일한 기회가 주어질 것이다. 교육기술Education Technology의 빠른 발전과 온라인 환경으로의 중심축 이동은 전통적인 대학 외에도 다양한 플레이어들이 등장할 수 있음을 의미하기도 한다. 이토록 더욱 거세질 경쟁 구도에서 KAIST만의 독보적 우수성을 보이며, 진정 '글로벌 가치 창출'을 이끄는 세계 속의 KAIST로 발돋움할 방법은 무엇일까?

글로벌 리더를 기르는 C^3 정신

미래 KAIST 교육의 발전 전략을 수립하는 데 있어, 그 기본 철학을 정의하는 것만큼 중요한 것은 없겠다. 전통적인 의미의 교육과 연구에 안주하지 않고, 새로운 세상의 변화를 적극적으로 이해하고 받아들여야 한다. "미래는 이미 시작되었고, 우리 손에 의해 결정된다"는 자세로, 도전과 혁신 속에 공존의 가치를 실현해 가는 인재

양성이야말로 KAIST 교육이 나아갈 방향이다. KAIST의 DNA인 C^3 정신, 즉 도전Challenge, 창의Creativity, 배려Caring 정신을 기본으로 삼아, 단순히 실력만 뛰어난 과학기술자가 아니라 인류의 난제를 해결하고 새로운 세상에서 모두가 함께 잘 살 수 있도록, 기존 시스템을 혁신하는 인재를 양성하는 것이 KAIST 교육의 기본 정신이자 방향성이라 하겠다. 이는 2018년 KAIST가 내놓은 'KAIST 비전 2031'에서 제시한 "KAIST는 글로벌 가치 창출 선도대학으로서 인류의 행복과 번영을 위한 과학기술혁신대학을 추구한다"는 그랜드 비전하에 교육의 핵심전략으로서 '사회적 가치 창출 창의 리더 양성'을 설정하고, 제시한 C^3 인재상과 잘 일치한다고 할 수 있다.

인류 발전에 필요한 인문 교육

▶ C^3 인재 육성 시스템 및 인문 교육 강화

- **(계속) 창의, 도전, 배려의 인재 육성 시스템**
  - 단순히 성적만 잘 받는 단편적 우수성이 아니라 창의, 도전, 배려의 가치를 실천하는 인재를 적극적으로 발굴하고 포상 및 장학지원 등을 통해 지원함으로써, 구성원 모두가 KAIST가 지향하는 인재상을 공유하고 더욱 키워갈 수 있도록 한다.
- **(계속) 인류의 보편적인 사회 및 공존의 가치에 대한 인문 교육 강화**
  - 빠르게 변모해가는 AI 중심 사회에서 편향과 금본(金本) 가치에의 종속 등으로부터 인류의 보편적 사회 가치와 다양한 주체 간 공

존의 가치를 지켜갈 수 있도록, 기술이 초래하는 문제를 통찰하고 과학/공학인의 사회적 책임을 느끼게 하는 인문 교육 강화
- UN의 지속 가능한 개발 목표 (Sustainable Development Goal) 등 인류가 직면한 '큰 문제'들을 함께 고민하고 그 해결에 동참하는 사회적 소명에 대한 교육 강화

▶ 온-오프라인 융합 초실감 교육기반 및 가상/현실 캠퍼스 네트워크 구축

▪ **(단기-중장기) 온-오프라인 융합 초실감 교육기반 구축**
- 온라인 교육은 언제 어디서나 활용할 수 있는 장점이 있으나, 단편적 동영상 강의는 일방적 지식 전달이 될 수 있으므로, 교수와 학생, 학생과 학생 간의 상호작용이 강화된 형태의 온-오프 융합 교육 기법 마련 필요
- (단기) 플립드 러닝 및 현재 진행 중인 KAIST의 EDU 4.0Q 등의 교수법을 지속적으로 확대하되, 수준 있는 온라인 콘텐츠 제작이 가능하도록 물적 · 인적 자원을 확대하고, 이와 더불어 질의응답, 토론 등 상호작용 부문이 강화될 수 있도록 함. 우수사례를 발굴하고 홍보하여 확대되도록 함
- (중장기) 중장기적으로 메타버스 등 신기술을 도입하여, 가상에서도 몰입감이 높은 초실감 가상 경험이 가능한 교육 콘텐츠 및 교육기법을 개발하도록 지원
- (중장기) 메타버스 등 가상교육 콘텐츠를 이용해서도 충분히 내용 전달과 효과적인 체험이 가능한 경우는 적극적으로 가상교육

콘텐츠를 활용하되, 가상 체험만으로는 부족한 체험교육의 경우는 더욱 효과적인 방식으로 제공하도록 고도화하여, 교육 효과를 극대화함

– (중장기) 가상/현실 간 캠퍼스 네트워크 구축

– 개인용 랩탑이나 스마트 기기만으로도 접근이 용이한 온라인 콘텐츠와 달리, 메타버스형 초실감 교육은 일정 수준의 하드웨어를 포함할 수 있고, 해외에서 수강하는 국제 학생의 경우 직접 체험형 실험 교육을 받는 데 한계가 있으므로, 중장기적으로 전략적 거점 지역에 로컬 허브 역할을 하는 마이크로 캠퍼스를 설치, 확대해 감

– 가상 캠퍼스 공간과 대전 캠퍼스, 거점별 마이크로 캠퍼스를 연결하는 네트워크를 구성하여, 어느 공간에 있던지 교육적 측면에서 차이를 느낄 수 없을 정도의 Seamless network를 구축하여, 국내외 모든 학생이 동등하게 KAIST의 교육을 경험할 수 있도록 함

융합 교육을 지원하는 유연 교수진

▶ 학제적 융합 교육기반 강화 및 범학과 유연 교수진 시스템 마련

▪ **(단기) 학제적 융합 교육기반 강화**

– 학과와 소분야 구분을 뛰어넘는 효율적이고 모범적인 창의적, 융합적 교육 환경 구현을 위해 학과 간의 협의로 복수전공, 융합 교육 프로그램을 적극적으로 개발하고 모범적인 협력체계를 운

영하는 학과들에 다양한 인센티브 부여

– 융합기초학부 활성화 (참여 학생 및 교수 지원 강화. 기존 학과와 협력이 더욱 활발하도록 학과별 참여 유도)

– 복수의 단일 또는 다학제 교수가 팀을 이뤄 국제적 경쟁력과 수월성 있는 교육 프로그램을 개발할 지원책 운영

▪ **(중장기) 범학과 유연 교수진 교육기반 강화**

– 기존의 학과 체계를 뛰어넘어, 주제별, 태스크별로 구성과 해체가 용이한 범학과(trans-disciplinary) 마이크로–/ad hoc 패컬티 제도의 도입 및 운용

강의 및 학생평가 시스템 마련

▶ 교육혁신 지향 강의/인사평가 및 학생평가 시스템 마련

▪ **(단기) 교육혁신 지향 강의평가 시스템 마련**

– 단순히 지식전달의 유효성을 평가하는 강의 평가를 넘어, 문제를 정의하고, 창의적인 해결책을 탐구하며, 협업 및 상호작용을 유도하는 새로운 도전을 높이 평가하는 강의 평가 제도 마련

▪ **(단기) 교육혁신 인사평가시스템 및 서포터 제도 마련**

– 교육혁신을 위한 새로운 도전 자체를 중요시하고, 성공/실패 여부를 떠나, 학생과 교수진의 협력 속에 새로운 변화를 지향하는 교원을 높이 평가할 수 있는 인사평가시스템 마련

– 교육혁신 시도가 성공적이지 못한 경우, 그 문제를 진단하고 성공적인 사례가 되도록 유도하는 교수법 지원 및 설계 멘토링을

하는 서포터 제도 마련

- **(중장기) AI 기반의 학생맞춤형 성취도 다면분석 평가제도 마련**
  - AI 등 분석시스템을 이용한 학생별 학업성취도 다면 분석, 평가 및 맞춤형 코칭 시스템 마련

연구 교육을 창업으로 연계

▶ 창업–연구–교육 연계를 통한 KAIST만의 차별성과 수월성을 지닌 교육 환경 구축

- **(단기) 창업 관련 교육 활성화 및 지원제도 강화**
  - 창업 성공 사례를 공유하고, 성공적 창업을 위한 방법론 교육
  - 창업이 포함된 학사 변동 사항 등의 페널티 유예 등 지원책 강화
  - 창업 멘토링 등을 통한 밀착 지원 시스템 도입

- **(중장기) 교육–연구–창업 연계 'all-in-one' 네트워크 수립**
  - KAIST가 타 대학과 비교해 강점을 보이는 창업을 교육, 연구와 함께 연계하여, Real-World 문제가 곧 교육과 연구의 주제가 되고, 그 솔루션이 창업으로 이어지는 연구–교육–창업 일원화로 KAIST만의 차별화된 교육 경험 제공
  - 창업을 통한 혁신 아이디어를 바탕으로, 단순히 기존 분야의 리

더를 뛰어넘어 세상을 바꾸는 Big Mind 함양

– 학생들이 교육을 받기 위해 거쳐 가는 'Waypoint' University에서 캠퍼스 내외 지역사회에서 혁신, 창업, 재투자, 외부의 초일류 인재들과 자본의 유입이 이루어지는 'Vortex' University로 발돋움할 수 있도록 창업 친화형 교육, 연구 체제 및 촉진 정책 마련

미래를 위한 KAIST 연구

KAIRE, 미래연구 핵심전략

현재 한국의 R&D 투자는 이미 세계적이다. GDP 대비 5%가 넘는 비용을 연구개발에 투자하고 있다. 그러나 투자 대비 연구실적 효율은 세계 하위수준이다GDP 1.4%를 투자하는 스페인과 비슷한 수준. 2010년 이후 출연연이 포기한 특허 수1만5400건는 같은 기간 출원한 특허2만9864건의 51%다. 해외에 출원한 특허도 형편이 비슷하다. 2014년 산업통상자원부 R&D 사업으로 미국에 출원된 특허125건 가운데 한 번도 민간에서 이용되지 않은 특허가 68%다. 국회예산정책처 정부의 R&D 평가 시스템이 '특허 등록'의 양적 개념에 묶여 연구비 낭비를 야기하고 있다는 지적이다.

과학정보계량학scientometrics의 대부라 불리는 프라이스Derek J. de Solla Price, 1922~1983는 과학 논문 저자의 25%가 발표 논문 전체의 70%를 차지한다는 프라이스의 법칙Price's Law 1963년을 발표하였다. 연구개발의 투자도 중요하지만 그 효율성도 중요하다는 것이다. 이를 위해 능력을 갖춘 과학자를 양성하는 것과 동시에 연구비 지원부터 성과에 이르기까지 관리체계의 효율성을 개선해야 한다. 지난 20년간 연구비 투자가 증가하면서 연구비 관리시스템이 날로 복잡해지자 KAIST 연구자는 다른 사람의 도움 없이 스스로 연구제안서를 제출할 수 없는 상황에까지 이르렀다. 기업들도 KAIST에 연구비를 투자해 공동연구를 하려 해도 우선 꺼려지는 것이 복잡한 관리시스템이다. 학교의 동의서를 얻어 이메일로 제출하면 되는 NIH 연구과제나 세 페이지짜리 제안서를 보내면, 1차 평가가 완료되는 삼성 미래기술 과제와 그 차이를 실감하게 된다.

어떻게 연구효율성을 증대시킬 수 있을까? KAIST 행정의 구조의 복잡성은 이유가 있다. 국가발전을 위해 정부-민간-R&D를 연결하는 플랫폼으로서의 복잡한 기능을 수행하면서 다양한 기능이 누적되고 이로 인해 비대해진 것이다. 따라서 이러한 한계를 잘 이해하고 극복한다면 세계적으로 전무후무한 연구개발 플랫폼을 창출할 수 있는 역량 또한 KAIST의 장점이 될 수 있다.

Why, Where, Who KAIRE?

본 제안에서는 앞서 언급한 핵심연구개발을 수행하는 전략으로서 KAIST의 미래형 연구개발 시스템인 KAIRE KAIST All-in-one Research Environment를 소개하고자 한다. KAIRE는 연구제안, 연구비 수주, 연구관리, 논문, 특허 및 기술 이전이 통합되어 실시간으로 이루어지는 연구관리 시스템이다. 주요 특징으로는 다음과 같은 요소가 있다.

| 연구 수요자-공급자 연결

Why KAIRE?

소비자 – 물건 – 소비자

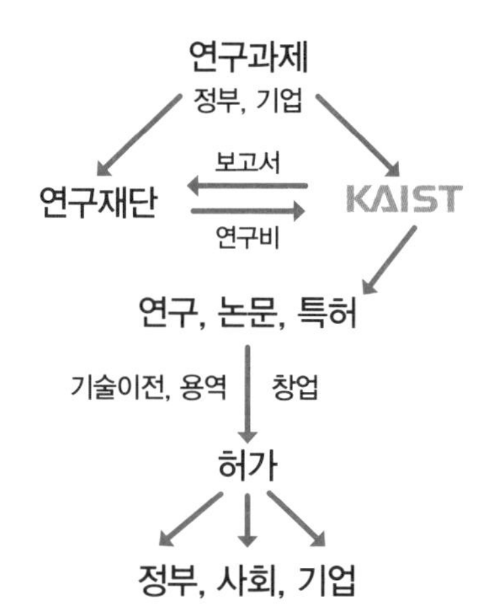

현재는 연구를 수행하기 위해서는 많은 중간단계를 거친다. 정부과제는 과기부–연구재단–연구팀을 거쳐 연구자에게 통보되고 연구자는 거꾸로 이러한 경로를 따라 연구를 제안한다. 그러나 민간에서는 이러한 중간절차를 생략하는 플랫폼 기술들이 발전하고 있다. 예를 들어 당근마켓 앱을 통하면 중간상인을 거치지 않고 물건을 직접 주고받을 수 있다. 원시적인 직거래 방식이 가상 플랫폼으로 인해 현대에 가능하게 된 한 예이다. 연구도 예외가 아니다. 연구의 수요자와 공급자가 중간단계를 거치지 않고 메타버스와 같이 가상공간에서 만나 직접 소통할 수 있는 시스템이 갖춰진다면 충분히 가능한 일이다.

❙ 연구비 정산을 위한 블록체인 시스템

현재의 연구비는 순수하게 연구에만 사용되는 것이 아니다. 연구비 정산 및 관리를 위한 오버헤드가 포함되어 있다. 또한 연구내용에 따라 연구비가 정해지는 것이 아니라 정해진 연구비에 따라 연구를 해야 한다. 연구비는 쌍방향이 아니라 일방향 소통인 셈이다. 미래 연구비 시스템은 블록체인 시스템을 통해 연구 수요자가 공급자에게 중간단계 없이 실시간으로 지급이 가능하며 계약에 근거하여 인센티브가 연구실적에 따라 추가 연구비를 지급할 수도 있다.

❙ 지적재산권 등록 및 가치평가 자동화

논문을 작성할 필요가 없다면 과학자는 더욱 행복할 것이다. KAIRE system 내에서 연구 결과는 자동으로 누구나 읽기 쉬운 형태로 보고되거나 홍보된다. 기업관계자가 연구 결과를 보고 관심이 있다면 '좋아요'를 누르고 지적 재산권 협상에 바로 들어갈 수 있다. 또한 KAIRE system은 해당 연구 결과의 중요성이나 가치를 정량적으로 수요자에게 제공하여 합리적인 선택을 할 수 있도록 돕는다.

❙ 공간, 시간, 인력 문제 해결

KAIRE system은 세계적으로 다양한 인프라 또는 연구소와 연결이 되어 있다. 누구나 연구원으로 등록할 수 있으며 장비를 대여하거나 참여가 가능하다. 한국의 연구자가 미국기업의 연구비를 받아 유럽의 가속기를 사용할 수 있고 중국의 우주정거장에서 테스트를 수행할 수 있다. 목적지향적 연구를 수행하기 위해 필요한 모든 인적 물적 요소들이 KAIRE system 내에서 융합, 협동, 분업화될 수 있는 것이다.

KAIST 100주년 연구 시나리오

50년 전 KAIST 존재 자체가 누구도 예상하지 못했던 것이며 50년 후 역시 KAIST는 누구도 예상할 수 없는 모습으로 존재하게 될 것이다. 물론 KAIST의 존재에 대한 시나리오는 다양하다.

첫째로 현재까지 성공적이었던 KAIST의 정체성을 고수하다가는 쇠락의 길을 맞게 될 것이다. 예측불가능한 발전이 예측되는 4차 산업혁명 시대에는 변화하는 환경에 다이나믹하게 적응해야만 살아남을 수 있기 때문이다.

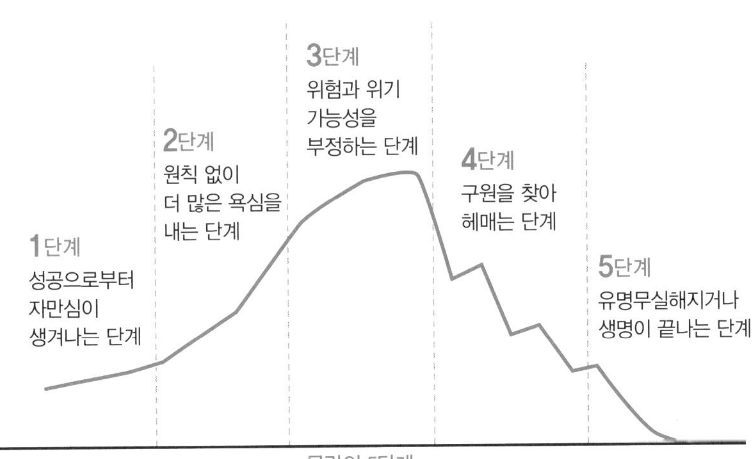

※출처 : 짐콜린스 위대한 기업은 다 어디로 갔을까 몰락의 5단계

두 번째로 KAIST는 현재까지 플랫폼 기관으로서의 장점을 극대

화하여 세계 최고의 연구개발 시스템을 확립한다. 세계 연구자들의 30% 이상이 KAIST 연구원으로서 활동하는데, KAIST는 세계 40% 국가의 인프라를 활용하여 연구하며, 그 결과 한국 국민소득의 50%가 KAIST 연구로부터 발생한다. 세계적인 요구에 따라 KAIST는 World Institute of Science & Engineering WISE 으로 개명한다.

2071 KAIST, 개명한다	The World Institute of Science & Engineering – KAIST 가치창출, 한국 GDP 50% 차지 – KAIST 로열티 수입만 연간 10조 시대 열어 – 현재 세계 40% 연구자들이 KAIST 플랫폼과 연결된 연구

미존(未存)을 미존(美存)으로

50살이 된 KAIST에 앞으로 어떤 삶을 살아야 하느냐고 질문을 한다.

첫째, KAIST는 이익을 남기는 즉, 전무후무한 새로운 가치를 창출하는 기관으로 거듭나야 한다. 미존의 가치를 이해하고 활용할 수 있는 인재양성과 연구개발로서 세계 최초의 성과들을 일기 쓰듯 양산하는 기관이 될 것이다.

둘째, KAIST는 옳은 일을 하는 기관으로 발전해야 한다. 기관이나 국가의 이익을 넘어 세계인들과 자연과 우주를 위해 바른 연구를 수행해야 한다. 그것은 의지만으로 되는 것이 아니라 세계인들과 자연과 소통함으로 이루어진다. KAIST의 정체성이 세계로 확장될 때

이기심은 이타심이 되고 기술 안에 윤리와 철학이 담길 수 있다.

셋째, KAIST는 아름다움을 추구하는 기관으로 발전해야 한다. 밤낮없이 전쟁하듯 연구에 매진하는 지난 50년을 뒤로 하고 이제는 자연과 학문과 기술의 아름다움을 즐기면서 연구하는 KAIST로 거듭나야 한다. 인류와 자연에 쉼과 회복을 줄 수 있는 연구로서, 인종이나 빈부의 격차와 관련 없이 누구나 소통할 수 있는 플랫폼으로서 보기에도 정말 좋은 연구기관으로 발전하기를 기대해 본다.

KAIST, 미존未存을 개척하여 미존美存으로 남게 되다.

미래를 위한 KAIST 국제화

초일류 다중언어 교육 연구 환경

2071년 카이스트는 다보스 포럼의 기조연설, 노벨상 및 필드상 수상자 등 세계적으로 저명한 다양한 인종의 교수진을 확보할 것이다. 이는 이미 2021년부터 실시했던 적극적이고 공격적인 인재 확보 전략을 기획했기에 가능했던 것으로 보인다. 야니스 교수와 같이 우주의 기원을 탐구하는 모험적이고 거대한 스케일의 연구단이 성과를 보이기 시작했고, 코세라Coursera 창립자인 앤드류 응Andrew Ng 교수에 버금가는 이넙죽 교수가 혁신적인 플랫폼을 만들면서 초일류 교육 및 연구 환경이 만들어진 것이다.

처음에는 영어/한글 혼용 캠퍼스를 만들어, 한국인 구성원에게는 고급 영어를 구사할 수 있도록 각종 교육 프로그램을 제공하고, 외국인 구성원에게는 중급 이상의 한글 및 한국어를 이수할 수 있도록 연세대학교 어학원과 전략적 협력관계를 맺어 다양한 언어 교육 프로그램을 제공하였다. 2025년 즈음에는 실시간 번역/통역기를 활용한 소통 장려하는 시스템이 도입된 것이 초일류 다중언어 교육 및 연구 환경을 구축할 수 있도록 도와준 것이다.

2035년 즈음에는 인간뿐만 아니라 인간과 AI가 상호 교류하고 네트워킹을 하면서 자동번역 · 통역이 확장되었고, 뇌파 통신의 발달로 다양한 언어 구사가 가능한 캠퍼스로 발전하였다.

구성원의 다양성 제고

남녀비율 1:1, 내외국인비율 1:1, 폭넓은 세대의 교수, 직원 그리고 학생이 도전, 창의, 배려의 정신으로 다양한 의견을 이중언어로 구사하고, 서로의 문화와 사고방식을 존중하며 행복하게 캠퍼스 생

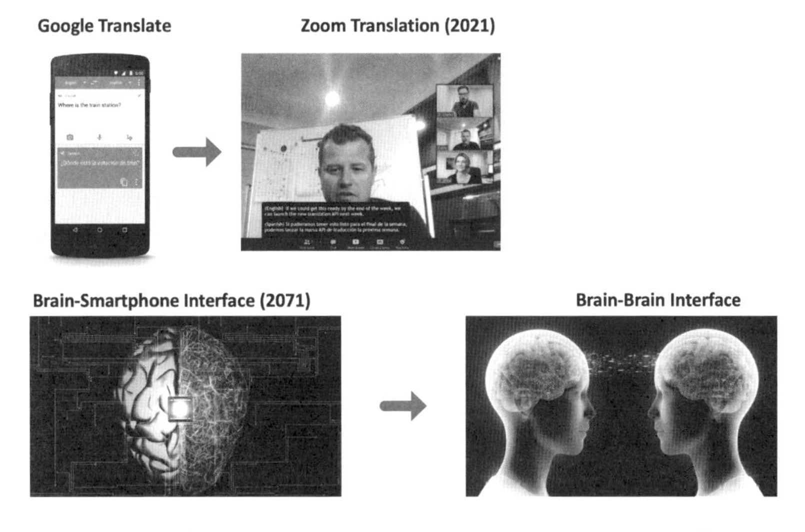

다중언어 환경 구축을 위한 소통 방식의 변천 과정. 처음에는 구글 번역기를 활용하다가, 줌 실시간 번역기를 활용하고, 나중에는 뉴럴링크를 통한 뇌파 통신이 가능해지면서 다중언어 환경이 비약적으로 발전한다.

활을 한다. 이를 위해서, 2021년부터 카이스트는 외국인 및 여성 교수/직원/학생의 적극적인 채용을 위해서 국제화 및 다양성의 필요성에 대한 공감대를 형성하였다. 다양성을 추구하는 과정에서 구체적으로 어떤 채용 및 관리 프로세스가 모든 구성원이 공감할 수 있는 공정한 프로세스인지 고민하고 만들어나간 것이다. 예를 들어, 총장, 부총장, 학장, 학과장 수준의 보직자 선출 시 후보군에 외국인, 여성, 그리고 젊은 세대 교원들을 적극적으로 영입하는 제도를 수립하였다. 또한, 2019년도부터 설립된 외국인교수협의회와 여성교수협의회를 확장해 글로벌교수협의회로 통합하여, 다양성과 포용성을 추구하는 기구를 설립하게 된다. 2071년 카이스트 구성원들을 살펴보면, 교수의 경우, 세계 최고의 연구 능력기초/응용을 입증하게 되고, 세계 유수 대학교의 교수 및 보직을 수행할 수 있는 실력과 리더십을 갖추게 된다.

Students from 6 continents

Professor Einstein at KAIST

5대양 6대주 출신의 학생들이 카이스트에 지원하게 된 계기와 기대감을 보여주고 있다. 세계 석학인 카이스트의 아인슈타인 교수가 카이스트의 초일류 교육 및 연구 환경에 대한 만족감을 표현하고 있다.

2071년 학생의 경우, 카이스트에서 학/석/박사과정을 마치면, 세계 어디에서도 통용되는 지식과 기술을 갖추게 되고, 경쟁력을 갖고 창업 및 취업을 할 수 있다. 2071년 직원의 경우, 세계 어디에서도 동일한 업에 취직할 수 있고, 매년 성장하는 자신을 보게 된다.

공동학위 프로그램

MIT, Stanford University, ETHZ, EPFL, NTU 등과 공동학위 프로그램을 운영하며, 마이크로 디그리 프로그램도 다양하게 운영하고 있다. 따라서, 학생이 원하면 본인의 미래 진로와 밀접한 교육과 연구 훈련을 받고 원하는 나라에서 가장 효과적으로 연구할 수 있는 학위를 받을 수 있게 된다. 학점 역시 마일리지 프로그램처럼 상호 호환되는 개념과목 코드쉐어링으로 축적할 수 있어, 유사한 과목이라도 수강하고 싶은 학교의 교수에게 신청해서 들을 수 있게 된다. 뿐만 아니라, 교환학생 및 파견연구 활동을 더욱 활성화시켜서, 미국/유럽/아시아 등의 세계 우수 대학교에 학생을 파견하게 된다. NRF/NSF 공동연구, EU-Korea 공동연구 등 국제공동지원을 통한 협력 연구 추진하여, 교수와 학생이 유기적으로 전 세계 연구 네트워크에 허브역할을 할 수 있게 도와준다. 또한, 2071년에는 학/석/박의 구분이 없어지고, 지식/경험/리더십 능력을 수치화시켜서 습득한 역량에 대응하는 학위를 수여하는 시스템을 도입하게 된다.

국제캠퍼스 설립추진

2071년 KAIST는 국제캠퍼스를 미국/유럽/아프리카 대륙에 설립하여 운영하고 있다. 미국 및 중국 중심 국제질서의 분권화로 세계가 평등화되고 다양한 세계 시민들의 니즈를 고려한 캠퍼스 환경 제공이 필요했기 때문이다. KAIST 내 아프리카 학생 수의 증가는 2021년 케냐에 설립된 케냐 카이스트가 계기가 되었다. 또한, 뉴욕, 실리콘 밸리 등으로 캠퍼스를 확장하고, 우주, 지하 그리고 메타버스 공간까지 캠퍼스를 확장함으로써 명실공히 세계 속의 카이스트로 자리매김하게 되었다.

케냐 카이스트 조감도

2023년에는 뉴욕 캠퍼스가 독립법인으로 설립되고, 2024년에는 실리콘 밸리 캠퍼스가 설립된다. 특히, 실리콘 밸리 캠퍼스의 경우에는 창업과 연계한 학위 과정을 만들어서 교수와 학생들이 글로벌 회사를 창업할 기회를 제공한다. 국내에서는 평택, 판교, 서울 캠퍼스를 설립하고, 메타공간을 매개로 연결해서 다양한 구성원들의 니즈를 충족시키는 학사 시스템 및 연구 과정을 운영한다. 각 캠퍼스는 독립적인 교육 및 연구 기능을 갖고 지역 및 본원 학생들 간의 교류와 협력을 도모하는 역할을 수행한다.

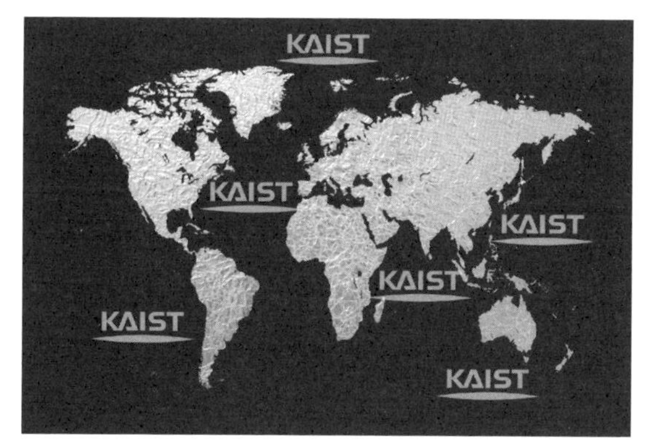

세계 속의 카이스트를 표현한 지도

2071년에는 우주, 지하 및 메타공간의 KAIST 캠퍼스 설립으로 시공간의 제약이 없는 국제협력과 다양한 국제적 니즈에 맞는 다중 언어 교육 및 연구가 가능하게 된다. 또한, 교수/직원/학생들의 바이오리듬과 가장 잘 맞는 적정수준의 시간 배분을 통하여 현실/메타 공간의 캠퍼스를 합리적으로 운영한다. 이런 혁신의 결과로 카이스트는 이름을 와이즈World Institute of Science and Engineering로 개명하고, 전 세계인의 문제를 이공계 및 융합 학문 방식으로 푸는 임무를 띤 세계적인 기관으로 발돋움한다.

The New York Times

KAIST changes its name to WISE (2071)

- KAIST Revenue, 50% of Korean GDP
- KAIST Royalty Revenue, 1 Billion USD per year
- 40% of researchers in the world connected through KAIST Platform

세계 속의 WISE(World Institute of Science and Engineering)로 개명한 카이스트 기사

미래를 위한 KAIST 산학

50년 후 미래를 예상하고 산학 모델 준비

50년 후 세계적인 경쟁력을 가진 혁신 기업들을 많이 만들어내기 위해서는, 지금 KAIST는 어떤 준비를 해야 하는가? 이 질문이 본 챕터의 핵심이다.

미래에는 어떤 기술이 필요할까? 아니면 어떤 시대가 올까? 하는 미래 예측은 큰 의미를 갖지 못한다. 혁신 기술 빠르게 도입되고, 그 속도는 감히 짐작하기 어렵다. 전혀 예상치 못한 곳에서 새로운 혁신이 나오기도 하며, 반대로 세상을 바꿀 것으로 주목받던 기술이 여러 가지 이유로 실제 도입이 늦어지거나, 대체 기술에 의해 사장되는 사례는 수없이 많다. 스마트폰이 대표적인 예이다. 현재 스마트폰 사용 비율은 대부분의 국가에서 95% 수준이다. 하지만 불과 15년 전만 하더라도 스마트폰을 사용하지 않은 사람의 비율이 95%였다.

또한 현재의 지식으로 미래를 예측하려고 하면, 유행하는 키워드에 매몰되어 제대로 미래를 보지 못할 수 있다. 2020년 전 세계를 휩쓴 키워드는, COVID19 팬데믹, 비트코인과 같은 가상화폐, 메타버스이다. 하지만 10년 전 가장 많이 회자됐던 과학기술은 줄기세포와 연료전지였다. 두 분야 모두 연구개발이 활발히 진행되는 되는 분야이지만, 10년 전 예상했던 곧 올 것 같은 장밋빛 미래는 아직 오지 않았다. 개별 국가의 부흥과 침체도 마찬가지이다. 1980년 초반 일본 산업의 급격한 성장은 전 세계 국가들이 놀랄 수준이었지만, 이후 1985년 프라자 합의 이후 장기 불황을 겪었다. 2010년대 중국의 가파른 성장이 있었고, 지금도 진행되고 있지만 10년 뒤 어떤 일이 일어날지는 예측하기 어렵다. 이렇게 빠르게 변하는 기술과 트렌드는 예측을 포기하고, 변하지 않을 것에 집중하여 미래를 준비하는 것이 현명한, 아니 실수를 줄이는 방법일 것이다.

변하지 않는 성장 추세와 동인

지난 백 년간 역사를 보면, 그동안 변하지 않았고, 또 앞으로 변하지 않을 것은, 다음 세 가지라고 판단한다.

① 지속적인 성장 추세
② 연결의 강화
③ 인간의 본성

이들은 50년 후에도, 100년 후에도 변하지 않을 동인이다.

100년 후 1인당 생산성은 지금보다 8배 증대될 것. 그동안은 자본

축적과 기술축적 〈케인스, 1930〉

그렇게 되면 나타날 현상

① 생산성 8배 늘어, 노동이 '주당 15시간'에 불과하게 될 것

② 경제적 문제는 해결되고, 관심이 '즐거움, 아름다움'에 집중하게 될 것

③ 화폐를 소유물로 사랑하는 정신병이 사라지고, '선한 것'에 주목하게 될 것

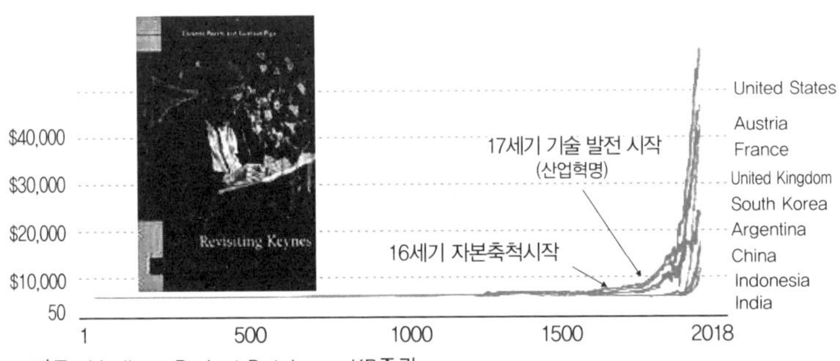

※자료: Madison Project Database, KB증권

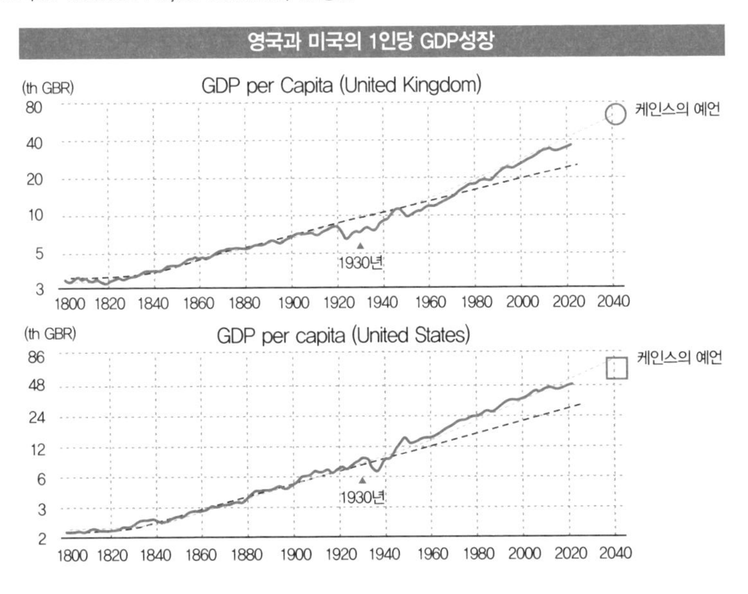

케인스의 100년 후 예측

거시경제학을 창시한 영국의 케인스 경은, 1930년《우리 손주 세대의 경제적 가능성Economic Possibilities for our Grandchildren》이라는 에세이를 통해 100년 후 세계를 예측했다. 결과는 놀라운 정도로 일치한다. 100년 후 '자본'과 '기술'의 축적으로 인해 생산성은 8배 늘어날 것이고, 주당 노동시간이 15시간에 불과한 시대가 올 것이라 예측했다. 그렇게 되면 생계를 위해 노동을 해야 하는 경제적인 문제는 사라지고, 아름다운 것을 추구하는 세상이 올 것이라 예언했다.

현재 추세대로 진행이 되면 2030년경에는 그 예측이 현실화될 것이다. 이 추세의 중요한 동인은 '자본'과 '기술'의 축적이다. 세계 대공황, 두 차례의 세계대전, 그리고 수많은 경제 위기를 겪었지만 '자본'과 '기술'의 축적으로 인한 생산성의 지속적인 성장 추세는 꺾이지 않고 유지되어왔다.

기술의 축적을 단적으로 볼 수 있는 지표는 매년 출판되는 과학기술 논문의 수이다. 1920년경에는 전 세계에서 매년 출판되는 논문의 수가 2,000편 수준이었다. 과학기술 논문 수는 지난 백 년간 기하급수적으로 증가하였다. 40년마다 10배씩 증가하는 추세이다. 1960년경에는 매년 20,000편, 그리고 2000년대에는 200,000편씩 매년 논문이 발표되고 있다.

또한, 기술의 발전으로 인한 연결의 속도와 복잡성은 인류의 능력을 기하급수적으로 증가시켰다. 1900년대 초반 철도 산업 부흥, 1920년대 개인 자동차의 대중화, 1940년대 이후 항공 산업 발달이 물리적인 이동과 연결을 빠르게 해주었다면, 1990년대 WWW의 탄생으로 인한 인터넷의 국제화, 2010년대 이후 폭발적으로 성장한 스마트폰, SNS 등 다양한 인터넷 서비스와 클라우드 환경은 정보의 이동과 연결의 혁신을 가져왔다.

기술 발전으로 인한 연결의 가속과 복잡성 강화는 성장을 가속화시키고 이는 다시 기술 발전에 기여한다. 강력한 증폭 효과가 있다. 예를 들면, 레스토랑 비즈니스에서는 메뉴 구성과 인테리어를 경쟁력으로 하는 식당은 빠르게 모방이 된다. 이탈리아 휴양지인 카프리섬에 맛집이 있다고 하자. 휴가 기간에 이 섬을 방문해서 우연히 맛집을 찾은 손님들이 입소문을 낸다. 소문을 들은 경쟁자가 식당을 벤치마크 하기 위해 출장을 가서 식당을 직접 방문해서 비슷한 사업을 하는데 1년 이상 걸렸다. 하지만 지금은 인스타그램 같은 SNS로 실시간 확인이 된다. 새로운 식당이 오픈하면, 하루면 메뉴 구성과 인테리어 확인이 가능하다. 앞으로는 이렇게 쉽게 모방할 수 있는 것으로는 경쟁할 수 없다. Shake Shack 버거를 창립한 대니 마이어는 성공비결이 모방할 수 없는 '분위기', '고객 만족', '직원 배려'라고 한다.

레스토랑 비즈니스

(과거) 해외 식당 벤치 마크를 위해, 소문을 듣고 출장 방문 (1년 이상)
(현재) SNS로 실시간 메뉴, 인테리어 확인 가능 (1일 이하)
모방할 수 없는 것에 집중: '분위기' '만족' '직원 배려'

Scientific papers
(과거) 교수님 사무실로 배달된 논문집을 교수가 학생에게 전달 (1년 이상)
(현재) SNS, arXiv 등으로 실시간 연구 결과 확인 가능 (1일 이하)
모방할 수 없는 것에 집중: 연구 방법론의 적용이 아닌, 새로운 문제 정의
e.g. 구텐베르크 인쇄술 이전 성직자의 역할

과학기술 분야도 연결의 가속과 복잡성 강화의 변화를 겪고 있다. 2010년 초만 하더라도, 새로운 연구 결과는 인쇄물로 학교 도서관이나 교수 사무실로 배달된다. 그러면 교수가 먼저 저널에 있는 논문들을 읽어 보고, 그중 관심이 있는 논문들을 연구원에게 다시 출판물로 전달하면서 지식이 전파가 되었다. 교수의 역할을 마치 구텐베르크 인쇄술 이전 성직자의 역할과 비슷했고, 새로운 연구 결과가 다른 연구자들에게 알려지는 데에 1년 이상 걸렸다. 이후 인터넷의 보급에 맞추어, 학술 저널들도 온라인으로 논문을 공개하고, 더 이상 인쇄물을 발행하지 않고 온라인으로만 출판하는 학술지들도 늘고 있다. 최근에는 주요 연구기관들이 트위터와 같은 SNS를 이용해서 새로운 연구 결과를 실시간 공개하면, 관심 있는 전 세계 연구자들이 결과를 보고 피드백을 주는 데에 하루가 채 걸리지 않는다.

혁신 기술의 태동–성장–쇠퇴까지 걸리는 시간도 크게 단축되고 있다. 1900년도 General Electronics사는 125년 전 설립되어 1900년도 초기에 급격한 성장을 하였다. 한 때, 매년 미국 GDP의 1%에 해당하는 이익을 낼 정도로 성장을 했다가 최근에는 쇠퇴하고 있다. 초기 인터넷 기업이었던 Yahoo의 경우 태동–성장–쇠퇴까지 걸리는 기간이 20년이었다. 앞으로는 많은 기업의 흥망성쇠가 더 빠르게 나타날 수도 있다.

대학의 궁극적인 역할

시대가 변하고 새로운 기술이 나오더라도 변하지 않을 대학의 궁극적인 역할은 인재 배출이다. 졸업생들이 사회에 나가서 더 유용한 활동을 하고, 더 많은 가치를 창조하도록 교육을 하고 연구에 참여시키는 것이 대학의 목적이다. 얼마나 많은 연구비를 수주했는가? 어떤 저널에 논문을 출판했는가? 특허 등록 개수는 몇 개인가? 하는 지표들이나 평가들은 모두 목적이 아닌, 과정에서 나오는 파생일 뿐이다.

중요한 질문은 졸업생의 역량을 무엇으로 판단할 것인가? 하는 것이다. 1970~80년대 많은 대학의 목적은 학생 취업이었다. 대한민국이 산업화되면서 많은 이공계 인력이 필요했고, KAIST는 국가경제발전의 원동력이 될 수 있는 인재 배출에 기여했다. KAIST는 국제적으로 인정받는 이공계 교육기관이 되었고, 많은 졸업생이 분야의 리더로 성장하고 있다. 또한, 수준 높은 연구 수준을 확보하여, 영향력 있는 연구 결과들을 선보이고 있다. 프레드릭 터만 박사가 1970년 작성한 '한국과학원 설립에 관한 조사 보고서'에서 예견한 목표를 달성하였다.

50년 후 미래를 보는 2020년 시점에서는, KAIST의 목표를 한 단계 더 높이 설정해야 한다. KAIST는 50년 후 시점에서 'KAIST 졸업생들이 얼마나 많은 혁신 기업을 만들었는가?'로 판단 받아야 하고, 또 이를 달성하기 위해서는 교육/연구/산학/국제협력 등 다양한 분야에서 다음과 같은 미래 산학 모델을 준비하는 것으로 변화를 이끌어야 한다.

KAIST 학생은 평생 1회 이상 창업

앞으로 KAIST 졸업생들은 적어도 평생 1번 이상의 창업을 하게 될 것이다. 50년 전과는 달리, 원천기술 연구&개발 사업화 시장 형성 사이클 속도가 더 빨라지고 있다. 대학 졸업 후, 한 기업에 취직하면 은퇴할 때까지 근무하는 시대는 더 이상 없을 것이다. 100년 정도 유지되던 한 산업의 사이클이 20년 이하로 단축되고, 새로운 기업들의 태동, 성장, 쇠퇴가 10년 주기가 되었다. 이런 추세 속에서는 본인이 원하지 않더라도 한 산업 분야에서 한 기업에서 일할 수 없게 된다. 이러한 변화를 주도하기 위해서는 능력을 갖춘 개인들이 10년 이하의 주기로 많은 혁신 기업들을 만들어 낼 것이다.

이러한 추세는 이미 시작되었다. 혁신 산업에서 회사를 만들기 위해서는 더 이상 대규모 인력과 시설이 필요하지 않다. 자본과 기술의 축적으로 인해, 좋은 아이디어만 있으면 쉽게 벤처캐피털을 통해 투자를 유치할 수 있고, 다양한 개발 플랫폼을 통해, 인력 활용, 기술개발, 생산 등 많은 부분을 아웃소싱 가능하다. 정부의 대규모 지원과 수백~수천 명이 있어야만 사업을 시작할 수 있었던 50년 전과는 달리, 현재의 산업구조, 특히 새로운 벤처가 만들어지는 환경은 지금은 민간 자본 시장을 통한 투자 유치와, 10명 정도의 인원으로 기본 서비스를 내놓을 수 있다.

따라서 KAIST는 학생 교육의 목표와 철학을 바꾸어야 한다. 대기업에 들어가서 상사가 시키는 문제를 '잘 푸는' 능력은 더 이상 KAIST의 교육 목표가 되어서는 안 된다. 인공지능, 빅데이터 기술의 발달로 인해 문제를 푸는 것은 이미 기계가 사람보다 뛰어난 결과를 보여준다. 콴다Quanda라는 AI 기반 앱은 중고등학교 수학 문제 사진을 찍으면, 답안을 바로 만들어 준다. 대학교, 대학원 수준의 문제, 그리고 회사에서 풀어야 하는 많은 개발 문제들도 AI가 답안을 만들어내는 것은 시간문제이다.

문제를 '잘 만드는' 능력이 앞으로 조직과 개인의 경쟁력이 될 것이다. 연구 분야에서도 새로운 과학기술 문제를 정의해서 연구 결과를 발표했을 때 인정을 받는 것처럼, 산업 분야에서도 사람들이 불편해하는 문제를 잘 정의해서 새로운 솔루션을 만들어내는 기업이 성공한다. 지금까지 대학에서는 문제를 빠르게 그리고 잘 푸는 학생들을 육성하는 것을 목표로 했다. 앞으로는 새로운 그리고 중요한 문제를 잘 정의하는 학생들을 키워야 한다.

이는 기존 과학기술 지식을 학습하는 것을 소홀히 한다는 뜻이 아니다. 오히려 더 많은 공부의 양을 요구하게 될 것이다. 단순 지식 습득이 아닌, 그 지식들이 만들어진 배경, 즉 왜 그 문제를 정의하게 된 것인지 배경까지 알아야, 새로운 창조가 가능하기 때문이다. 문제 풀이 교육은 기본이고, 그 문제가 왜 정의되었는지 배경을 학습해야 하고, 나아가서 새로운 문제를 정의하는 능력을 배양시켜야 한다. 이를 통해 인류/세계 문제를 해결할 새로운 문제를 만들 수 있는 학생들로 키워야 한다. 이것이 KAIST의 경쟁력이 될 것이다.

KAIST는 대기업에 들어가 '주어진 문제를 잘 푸는' 학생들을 배출하는 것이 아닌, '새로운 문제를 잘 정의'해서 혁신 기업을 만들 수 있는 학생들을 배출해야 한다. 결과적으로 KAIST 학생들은 평생 1회 이상의 창업을 하게 될 것이다.

❙ One-stop 창업 시스템

KAIST 재학생, 졸업생, 교원들이 창업을 준비할 때, 학교는 창업을 성공적으로 이끌 수 있는 지원 시스템을 제공해야 한다. 국내 대학 중에서는 KAIST가 가장 선도적인 창업 지원 시스템을 제공하고 있으나, 아직 부족한 부분이 많다.

현 구조로는 창업을 위해 교내 많은 부처를 방문해야 하고, 규정이 없거나 비현실적인 제약들이 있는 경우들이 많고, 승인을 위해 수많은 위원회의 결과를 기다리다가 창업을 포기하는 경우가 많다. 창업자가 연구처, 교무처, 기술가치창출원, 창업원, 법무팀, 그리고 학과 사무실 등 여러 부서를 방문하고 문의해야 하는데, 담당자가 누구인지 파악하는 데에만 몇 달이 걸리는 경우도 생긴다. 혁신 기술 창업이 대학의 핵심 목표가 아닌, 부차적인 실적으로 보기 때문이다.

혁신 기술 창업이 KAIST의 핵심 실적이 되기 위해서는 창업 전과 창업 후의 모든 과정을 일괄적으로 지원하는 하나의 통합 부서가 있어야 한다. 창업자가 부서를 찾아다닌다는 것 자체가 창업 지원의 부재를 뜻하는 것이다. 미래 산학모델로서 One-stop 창업 시스템을 갖추어야 한다.

창업 아이디어를 가진 KAIST 구성원이나 졸업생은, 단 하나의 부서에서 아이디어를 가지고 논할 수 있어야 한다. 이 아이디어가 혁신 산업이 될 수 있는지, 얼마나 큰 파급력을 가져올 수 있는지, 또 그렇게 하려면 처음부터 어떻게 사업 모델과 화사 구조를 가져가야 하는지 논의하면서 발전시켜 나갈 수 있는 부서가 필요하다. 이렇게 하기 위해서는, 창업 경험이 있는 교수들, IPO & MA 결과가 있는 사업가들, 전문투자자 경험이 있는 VC 심사역들, 각 산업 분야에서 경험을 쌓은 전문경영인 출신 등이 주축이 된 자문단이 필요하다. 법인 설립은 그 다음이다. 좋은 벤처기업이 될 수 있도록 충분히 사업개발이 된 후, 교내 통합 부서에서 기술 이전, 법인 설립, 겸직 등 필요한 승인 절차를 일괄적으로 처리해 주어야 한다. 겸직은 다른 부서 누구에게 연락하고, 기술 이전은 다른 부서 무슨 위원회에 신청해야 하고, 같은 수동적인 업무 처리는 없어져야 한다.

법인 설립은 시작이다. 출생신고와 같은 개념이다. 새로운 벤처기업이 성장해서 성공적인 exit을 하기 위해서는 수많은 고통스러운 과정을 거쳐야 한다. IP 확보, 인력 채용, 공간 확보, 투자 유치, 사업 개발, 법률/회계, 마케팅/세일즈 지원 등 수많은 문제를 풀어야 한다. KAIST 창업 기업이 시행착오를 줄이고 단기기간에 성공적으로 성장할 수 있도록 돕기 위해서, 창업 기업들의 초기 육성을 지원하는 법인이 필요하다. 현재 KAIST가 준비하는 KAIST holdings가칭가 좋은 구조가 될 수 있다.

KAIST 출신이 창업을 할 때, 핵심 기술과 사업 아이템에만 집중하고, 나머지는 KAIST에서 해결해 줄 수 있는 유기적인 관계와 통합 지원 시스템을 갖출 때, 더 많은 기업이 성장할 발판이 마련될 것이다.

Deep tech 기업 창업 및 육성

KAIST 내 과학기술의 축적을 기반으로 하는 deep tech 기업들이 많이 만들어지고 글로벌 수준에서 경쟁력을 갖출 수 있도록 육성되어야 한다. 현시점에서 경쟁력 있는 글로벌 deep tech 기업 중, 대학의 연구 기술 성과로 만들어진 기업들이 많이 있다. 바이오, 제약 장비를 공급하고 시총 50조 규모의 Sartorius사는, 1870년 독일 Göttingen 대학 기계공학 연구원이 알루미늄 가공 기술을 바탕으로 한 정밀 저울을 만들면서 창업한 회사이다. 유전자 재조합을 이용한 의약품 개발의 선도역할을 한 Genetech사는 1976년 UCSF Boyer 교수와 Venture capitalist R. Swanson이 공동 창업하였고, Roche에 인수되기 전 시가총액 120조에 달하기도 했다. 인터넷 서비스 기업 Google은 1996년 미국 Stanford 대학에서 박사과정 중이었던 브린과 페이지에 창업되었고, 현재 시가총액은 2,000조에 달한다.

KAIST에서 많은 글로벌 deep tech 기업들이 나와서, 세계인의 생활 수준을 개선하고, 글로벌 문제를 해결하는 50년 후 미래를 꿈꾼다. 2025년 KAIST 전자공학과, 물리학과 졸업생들이 3D 무안경 홀로그래피 혁신 기술을 창업하여, 시총 100조 이상의 규모를 가진 홀로그래피 VR 게임 산업을 새로 여는 미래, 2030년 KAIST 기계공학과 교수팀과 국내 자동차 기업 로봇 Joint Venture 설립하여 만든, 휴머노이드 로봇 기업 글로벌 시장을 장악하여 시총 500조 기업으로 성장하는 모습, 그리고 2035년 KAIST 항공우주공학과 대학원생들이 박사과정 중 우주광물개발 기술로 창업하여, 시총 1,000조 원이 기업을 성장시키는 상상을 한다. 2071년 KAIST의 미래를 위해서는 지금부터 준비해야 한다. 아니, 지금 시작하지 않으면 늦는다.

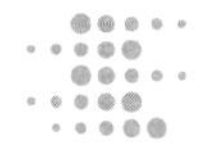

sartorius

바이오/제약 장비 공급, 시총 50조

1870 독일 Goettinggen 대학 mechanician 알루미늄 가공 기술 ⋯▸ 정밀 저울 개발, 창업

Genentech

A Member of the Roche Group

유전자재조합, 시총 120조

1976 UCSF Boyer교수와 Venture capitalist R. Swanson 공동 창업

Google

인터넷서비스, 시총 2200조

1996년 미국 Stanford 대학 박사과정 중 브린 & 페이지 인터넷 검색 기술 창업

홀로그래피 VR 게임 기업, 시총 100조

2025년 KAIST 전자공학과, 물리학과 졸업생들3D 무안경 홀로그래피 혁신 기술 창업

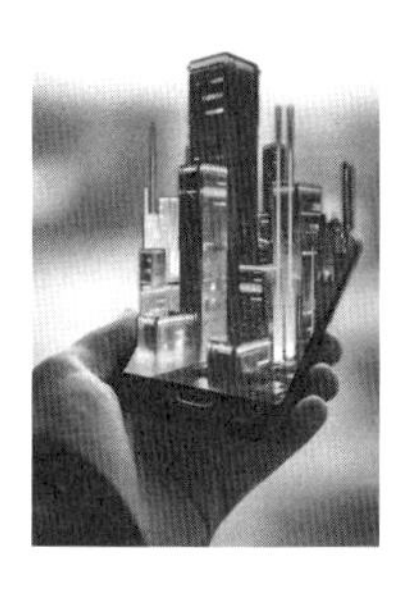

휴머노이드 로봇 기업, 시총 500조

2030년 KAIST 기계공학과 교수팀과 국내 자동차 기업 로봇 Joint Venture 설립

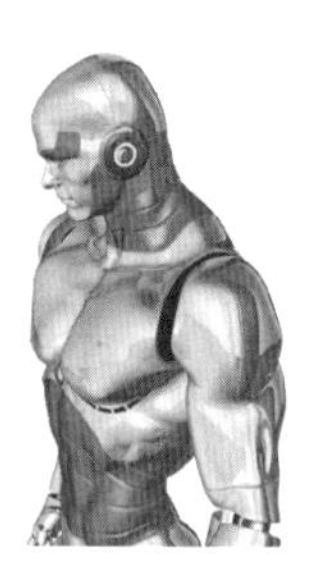

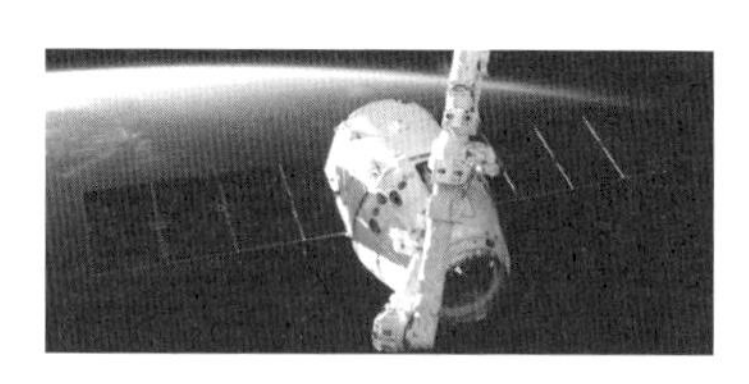

우주 자원 개발 기업, 시총 1000조

2035년 KAIST 항공우주공학과 대학원생들 박사과정 중 우주광물개발 기술 창업

과학기술의
미래를 상상하다

에필로그

코로나 팬데믹이 발생했을 때 모든 인류는 매우 중대한 선택을 해야 했다. 어떤 사람들은 백신을 거부하는 선택을 했지만, 대부분은 약간의 부작용과 위험성이 있음에도 불구하고 백신을 접종하는 선택을 했다. 백신을 맞는 사람이나 거부하는 사람 모두 다 심리적인 압박감이나 저항감을 느꼈다.

머지않은 미래에 인간은 백신을 맞느냐, 마느냐 하는 것 못지않은 매우 중요한 선택을 거의 매일 해야 하는 날이 올 것이다. 눈에 넣어도 아깝지 않은 자녀를 무인 자동차가 학교까지 데려다주었다가 집으로 데려오는 것을 허락할 수 있을까. 나이가 들어 걷는 것이 힘들어질 때 로봇에게 부축해달라고 요청할 수 있을까? 인공지능이 자녀에게 지식과 기술을 가르치는 것을 당연하게 여길 수 있을까? 아마 이러한 선택은 오히려 쉬울 수 있다. 질병 치료를 위해 의사가 자신의 유전자를 영원히 변형하려 한다면? 상당히 많은 고민을 하게 될 것이다.

과학기술자가 고민해야 할 선택의 기준에 대해 비벡 와드와Vivek Wadhwa 카네기 멜런 대학 석좌교수는 3가지를 제시한다.

1. 신기술의 혜택을 모두 공평하게 누릴 수 있을까
2. 신기술은 위험보다 더 큰 혜택을 줄 수 있을까
3. 신기술이 더 자율적이고 독립적인 삶을 보장할까

카이스트는 선택할 준비가 되었는가? 미래는 인간이 하기 나름이다. 우리나라의 과학기술은 카이스트의 발전과 함께 발전했다. 카이스트가 원한 것은 아니었다. 미래를 준비하는 우리나라의 지도층은 카이스트에 그러한 임무를 맡기고, 지원했으며, 기대하면서 풍성한 열매를 땄다.

앞으로도 그 같은 역할은 계속될 것이다. 문명은 과학기술의 발전 방향에 맞게 성장한다. 그러므로 과학기술자가 어떤 선택을 하느냐에 따라 미래는 결정될 것이다. 카이스트에서 연구하는 과학자들이 어떤 선택을 하느냐 하는 것은 우리나라 과학기술 발전의 중요한 방향을 정하는 나침판이 될 것이다.

100년 비전위원회 및 자문위원 명단

1. 자문위원

강성모	미국 UC Santa Cruz 교수, 前 KAIST 총장
김정주	前 NXC 대표
손욱	前 삼성종합기술원장
신성철	KAIST 명예교수, 前 KAIST 총장
신희섭	기초과학연구원 명예연구위원, 대한민국 국가과학자
Uri Sivan	이스라엘 테크니온 공과대학 총장
유희열	KT 이사회 의장, 前 과학기술부 차관
윤석현	미국 Harvard 의과대학 교수
윤송이	미국 NC West 사장
장병규	크래프톤 의장, 前 4차산업혁명위원회 위원장
조수미	성악가, KAIST 문화기술대학원 초빙석학교수
지영석	네덜란드 Elsevier 출판그룹 회장
Thomas Frey	미국 Davinci Institute 소장

2. 100년 비전위원회

위원회	위원	소속
총괄 위원회 (18)	이도헌(총괄 위원장)	바이오및뇌공학과
	이승섭(총괄 위원장)	교학부총장
	박성동(총괄 위원장)	쎄트렉아이
	손훈(총괄 부위원장)	글로벌전략연구소장
	조병관(총괄 부위원장)	생명과학과
	최성율(총괄 부위원장)	기술가치창출원장
	유승협(교육 위원장)	전기및전자공학부
	이태식(교육 위원장)	교무처장
	김대수(연구 위원장)	생명과학과
	이상엽(연구 위원장)	연구부총장
	홍승범(국제 위원장)	신소재공학과
	김보원(국제 위원장)	대외부총장
	박용근(산학 위원장)	물리학과
	김영태(산학 위원장)	창업원장
	양재석(사회 위원장)	문술미래전략대학원
	정우성(사회 위원장)	포스텍
	염지현(학생경진대회)	신소재공학과
	심재율(저작)	외부자문

위원회	위원	소속
교육 분과 (24)	유승협(위원장)	전기및전자공학부
	이태식(위원장)	교무처장
	류석영(부위원장)	전산학부
	가현욱	융합인재학부
	김도경	신소재공학과
	김석희	디지털인문사회과학부
	김영진	충남대학교
	김용훈	전기및전자공학부
	김하일	의과학대학원
	박성홍	바이오및뇌공학과
	백형렬	수리과학과
	양한슬	생명과학과
	오종훈	경영공학부
	유천열	대구경북과학기술원
	이경진	물리학과
	이덕주	항공우주공학과
	이동석	㈜티맥스소프트
	이태억	산업및시스템공학과
	장동의	전기및전자공학부
	정진호	고려대학교
	조용훈	물리학과
	조현정	디지털인문사회과학부
	한종기	세종대학교

위원회	위원	소속
연구 분과 (20)	김대수(위원장)	생명과학과
	이상엽(위원장)	연구부총장
	박영균(부위원장)	바이오및뇌공학과
	권세진	항공우주공학과
	김동주	디지털인문사회과학부
	김영안	네브피아(주)
	김필남	바이오및뇌공학과
	명재욱	건설및환경공학과
	박성준	바이오및뇌공학과
	양희준	물리학과
	우운택	문화기술대학원
	유창동	전기및전자공학부
	이현주	전기및전자공학부
	장무석	바이오및뇌공학과
	정재웅	전기및전자공학부
	정하웅	물리학과
	정효일	연세대학교
	조계춘	건설및환경공학과
	최한림	항공우주공학과
	홍성철	전기및전자공학부
국제 분과 (15)	홍승범(위원장)	신소재공학과
	김보워(위원장)	대외부총장
	Martin Ziegler(부위원장)	전산학부
	Yannis K. Semertzidis	물리학과
	김성희	경영공학부

위원회	위원	소속
국제 분과 (15)	김정아	플로리다 대학교
	김택성	문술미래전략대학원
	문수복	전산학부
	박성일	퀄컴코리아
	배충식	기계공학과
	윤석구	NOD Bizware
	이도준	경영공학부
	이영석	바이오및뇌공학과
	최상민	기계공학과
	하동수	조천식모빌리티대학원
산학 분과 (25)	박용근(위원장)	물리학과
	김영태(위원장)	창업원장
	장재범(부위원장)	신소재공학과
	김성수	기계공학과
	김원준	기술경영학부
	김지헌	㈜모비스
	김철환	(재)카이트창업가재단
	김필한	의과학대학원
	김혜영	시니어벤처협회
	박부민	한국항공우주연구원
	박찬호	광주과학기술원
	방효충	항공우주공학과
	백낙훈	경북대학교
	송세경	전기및전자공학부
	안승영	조천식모빌리티대학원

위원회	위원	소속
산학 분과 (25)	안영진	SK텔레콤(주)
	우창헌	㈜이너트론
	윤유식	중앙대학교
	이용관	블루포인트파트너스
	이임평	서울시립대학교/(주)이노팸
	이준성	준성특허법률사무소
	정기훈	바이오및뇌공학과
	최경일	Kt-sat
	한동수	전산학부
	한세광	포스텍
사회 분과 (8)	양재석(위원장)	문술미래전략대학원
	정우성(위원장)	포스텍
	최문정(부위원장)	과학기술정책대학원
	윤태성	기술경영전문대학원
	이승욱	디지털인문사회과학부
	이혜성	물리학과
	조희창	삼성전자
	최관영	C&L 바이오텍

KAIST 100년의 꿈

초판 1쇄 2022년 5월 3일

지은이 카이스트
발행인 김재홍
교정/교열 김혜린
마케팅 이연실
디자인 현유주

발행처 도서출판지식공감
등록번호 제2019-000164호
주소 서울특별시 영등포구 경인로82길 3-4 센터플러스 1117호{문래동1가}
전화 02-3141-2700
팩스 02-322-3089
홈페이지 www.bookdaum.com
이메일 bookon@daum.net

가격 16,000원
ISBN 979-11-5622-693-2 03500